JN061030

満開のオオシマザクラの巨木２本
（利根運河）

左のオオシマザクラは、
太い幹が５股に分かれて株立ちし、
根周囲7.0ｍ

ヤマザクラの花
（野田市　江川地区の西斜面林）

ヤマザクラの古木
幹回り255cm
（流山市　東深井地区公園）

樹齢200年超のケンポナシを伝統的な立て曳き工法で移植
（松戸市　関さんの森　2012年1月）

樹齢200年を超える
モミの木
（柏市　大青田の森）

森と湧水からなる
こんぶくろ池自然博物公園
（柏市　中十余二）

イロハモミジの紅葉
（理窓会記念自然公園）

メタセコイアの褐葉
（利根運河）

キリの花
（野田市　江川地区）

稲荷神社裏の谷津（流山市 2006年4月）

植樹祭（流山市 2013年9月）

東葛の樹木事典

流山市立博物館友の会編

「東葛流山研究」第40号

撮　　　影：新保　國弘（表紙・本扉・口絵）
表紙撮影地：野田市江川地区のハンノキ林
装　　　丁：菊池健太朗

刊行に寄せて

流山市立博物館友の会　会長

新保　國弘

私が1995年7月に入会した「野田の樹木を見て歩こう会」という会で訪ねた小石川植物園、筑波山、高尾山、奥日光、鋸山ほかの樹木観察会は、樹木をつぶさに観察する上で貴重な体験でした。加えて『ふるさとの巨樹・古木に会いに行こう！―千葉県の巨樹・古木200選―』（企画・制作NPO法人 樹の生命を守る会／発行 千葉県農林水産部林務課2005年刊）を手にして、「会員同士が東葛地域の巨樹・古木に接する絶好の機会」と心弾ませました。

こうして当会出版の研究誌・第40号のテーマを『東葛の樹木事典』と決めて、その構想を発表したのが2年前の総会の日でした。

樹木を取材するなら、樹木の集合体である森や林や斜面林といったいわゆる樹林地も加えました。何故なら、書く視点の奥行きが格段に広がり、書き手、読者双方共に利すると考えたからです。

そこで、東葛6市（野田市・流山市・松戸市・柏市・我孫子市・鎌ケ谷市）の巨樹・古木および樹林地の一覧を、各種文献を元に作成した後、執筆者各位に書きたい題材の追加をお願いしました。その結果、会員25名の方から、91点もの原稿が集まり、200ページ余の「樹木」本を刊行するに至りました。

ところで流山市では、2010年3月策定の「生物多様性ながれやま戦略」に基づく植物相（草本と樹木）のモニタリング調査は、環境省の「モニタリングサイト1000里地調査」を参考に、月に1回実施と定めています。

そこまでは必要ないとしても、樹木を知るには、四季折々に訪ねて観賞することが必要かもしれません。

一例をあげます。本書表紙の樹木は、野田市の江川地区で2009年4月30日に撮影したハンノキ林で、水路の前の植物はショウブです。ハンノキ林は、緑色に輝き森の宝石と呼ばれる希少種のチョウ「ミドリシジミ」の食草です。ハンノキは1～4月頃に花が咲き、10月～11月頃に実をつけます。ミドリシジミの幼虫は、ハンノキの葉っぱを食べて成長し、6～7月頃にサナギからチョウになり、夕方にハンノキのこずえを舞います。

とはいえ、本樹木事典の第一の目的は、先ず目を通していただくことです。各市の選りすぐりの樹木をいろいろな角度から書き下ろした多様な論考をお楽しみください。

今次出版に際し、東京理科大学創域理工学部講師の伊高静先生をはじめNPO法人　樹の生命を守る会の伊東伴尾副理事長から巻頭言をいただき、感謝いたしております。

ガイドマップ付きのこの「樹木」本を手に、願わくば東葛各市の巨樹・古木・樹林地を訪ね、樹木の今と歴史に触れていただければ幸甚の限りです。

2024年（令和6）4月

私の心のもこもこ森

東京理科大学講師　伊高静

　私は都会育ちで、小学生の頃は時々、自転車でふらふらと遠出をしていました。都会とはいえ当時はまだ、少し遠出をすると、樹々が生い茂ったちょっとした未開発ゾーンがありました。住宅街を彷徨っていると、思いがけず、開発を免れたもこもことした樹々の塊に出会ったりするものです。そのような「もこもこ森」に出会うと、少しぞわっとして、心がひやっとします。それでも少し嬉しくてしばらくもこもこ森の前で、樹々が揺れるのを眺めていたものです。しかしある日、夢を見ました。もこもこ森からぐるぐると渦巻きのような円が飛び出してきて、森に体が吸い寄せられていきます。まるで森がテレパシーを送っているかのような、不思議な夢でした。そのあと私はさっそく、もこもこ森に会いに行こうとしたのですが、なぜか辿り着けません。それから、あのもこもこ森はどこへ行ってしまったのだろうと、しばらくぼんやり考えて過ごしました。少し経って、もう少し本気でもこもこ森を探そうと思い立ち、方角や道の様子をよく観察しながらもこもこ森を目指したところ、その先には白い新築の家々が建ち並んでいたのでした。あの樹々はどうなってしまったのだろう、ぐるぐるテレパシーをもらったのに助けてあげられなかったな、と悲しくなったのでした。

　思えば、私の森林学者としての原点はそこにあったのかもしれません。身近の小さな森が失くなっていく、子供時代に心を通わせた（と勝手に思っていた）樹々が姿を消した時の、生まれて初めて味わった黒くてむずむずした感情、そこが始まりだったのです。当時1980年代は環境問題ブームの始まりで、環境破壊の元凶は人間活動であるという考え方が、じんわりと脳みそにしみ込んでいました。そんな私は、高校時代には無人島で自給自足をすることを夢見た、ちょっと変わった高校生でした。大学では森林科学を専攻し、大学院進学の際は、林学の原点であり、環境意識が高いと言われるドイツへの留学を果たします。そして、あらゆる森を見たい、色々な人と出会いたいという想いから、カナダ、アメリカ、タイ、ウガンダと、様々な国の様々な森でボランティアやインターンをしたのでした。その上で思うのは、森はすべて違うけど、そこに住む人の想いはそんなに相違ないということです。私は一生、森や自然に関わって生きていきたいという思いを強くするとともに、森を想う地元住民と、十年後二十年後、百年後の森を語り合えるような、そんな仕事ができたらいいな、私の思い出の中のもこもこ森を復活できたらと、こっそりその想いを胸に、生きているのです。

　さて私は現在、東京理科大学創域理工学部経営システム工学科で教員をしています。統計学などを教える傍ら、ナラ枯れを題材に、病害虫に罹患した森林の管理システム構築を目指した研究をしています。ナラ枯れとは、カシノナガキクイムシという害虫が、ミズナラ・コナラなどの樹木に穿孔し、ナラ菌という菌でその樹木を枯らしてしまうというもので、近年は関東地方でも猛威を振るっています。森林の管理システム構築を通じて病害の拡散をモデル化したり、病害の制御の仕方を考え、さらにそのコストを計算したりして、森林管理者の意思決定の指針になるようなものを作りたいと考えています。

　私はさらに、横断型コースの補助教員もしています。横断型コースとは、創域理工学部が推進している、学科を超えた教育・研究を目指すものです。それをきっかけに野田キャ

図１　ナラ枯れに罹患した樹木（カシノナガキクイムシが穿孔した穴から、フラスと呼ばれる木屑が出ている）

ンパスにある自然公園、理窓会記念自然公園に関わるようになりました。創域理工学部生命生物化学科の朽津和幸教授と共に、学科のみならず、大学をも超え、地域の人も巻き込んだ環境教育を展開したい、ということで、数々の野外授業を行いました（図2）。そして私にとってなんとも運命的なのは、その理窓会記念自然公園においてもナラ枯れにより、多くの樹木が罹患していたのです。理窓会記念自然公園には、キンランという絶滅危惧種が生息します（図3）。キンランは、コナラの根にある菌根菌にその栄養源を依存しています。半分は光合成から、半分は菌根菌から栄養を得ているのです。つまり、コナラがナラ枯れで枯れてしまっては、キンランは生存できません。

図2　ナラ枯れについて学ぶ野外授業の様子（東京理科大学野田キャンパス理窓会記念自然公園）

理窓会記念自然公園は、地元の人にも愛されている、地域の自然公園でもあります。その自然公園をどのように管理したいかは、大学はもちろん、公園に関わる多くの人と一緒に考えて決めるのが理想だと思います。さて、ナラ枯れでコナラが枯れている、そうすると絶滅危惧種のキンランも危ない！となると、どのように対処したらいいでしょうか。私は、理窓会記念自然公園をゾーニングし、キンラン保護区を設定し、保護区内は徹底的にナラ枯れと戦い、それでも枯れてしまったらコナラを植林する、という方法を提案します。コナラの実生は、秋に拾ったドングリが、協力者の庭やベランダで育っています。一方、保護区以外はどうかというと、コナラが枯れても見守る、つまり自然に任せる、という方針です。森は遷移しますので、コナラが枯れたあとは別の樹種が育ちます。

図3　絶滅危惧種キンラン

今年の春には、ナラ枯れにより枯死した樹木の立ち枯れと切り株に、ドリルで穴を開け、殺虫剤を注入しました（図4）。これ以上被害が増えないよう、木材の中にいるカシノナガキクイムシを駆除するための作業です。その際は、東京理科大学の学生、教員、地元の方など、多くの方と作業しました。これからも、理窓会記念自然公園に関わる人と話し合い、皆が納得した上で、ゾーニングや、管理に必要な作業を行なっていきたいと考えます。そしてこの活動が大学を超え、地域（野田市・流山市）の自然公園管理にも広がり、大学・地域フォレストとして、皆の心の拠り所である、そこにあるようなもこもこ森が、次世代に繋っていくことを妄想します。

図4　薬剤注入の様子

街の中でも、時々大木に巡り会います。こんな所でみんなを見ているんだね、と話しかけて見上げると、まるで応えてくれているかのようにザワザワと揺れます。そうすると心の奥までスーっとして、つい笑顔になってしまうのです。そういう樹々を、そしてみんなのもこもこ森を、見守っていきたいと思います。

巨樹・古木が育つ環境

伊東伴尾

（NPO法人 樹の生命を守る会 副理事長）

千葉県巨樹古木調査

NPO法人 樹の生命を守る会（以下本会）は、20年前に千葉県農林水産部森林課（以下森林課）より「巨樹・古木ふれあい環境調査業務」を受託した。これは、千葉県内を4地区に分け、各自治体から推薦された幹周り3m以上の巨樹・古木（森含む）201本を調査し、各地区別にガイドマップの作成である。そして、令和4年から森林課の協力を受けて、本会の事業として再調査を行っている。網羅的な調査でないが、各自治体が推薦する樹木なので、各地区の巨樹・古木の代表と言える。これらを調査する中で、巨樹・古木の傾向と生育環境を考えてみた。

20年前調査から様々な傾向が分かった。**樹種数**は36種で、多い樹種はスギ（38本）、イチョウ（27本）、スダジイ（21本）、クスノキ、タブノキの順である。**生息地**は神社54%、寺28%、学校7%、個人7%、公園4%で神社仏閣（82%）が多い。**公共機関から指定保護**されているのは、国（3%）、県指定（18%）、市町村指定（28%）、名木指定（23%）無指定（29%）で71%が保護指定されている。**推定樹齢の高い樹木**は、一番が香取市府馬の大ぐす（タブノキ）1400年（写真1）、二番が千葉寺の公孫樹（イチョウ）と市原市飯岡八幡宮の夫婦銀杏（イチョウ）1300年である。**樹高**は一番が鴨川市の清澄の大杉（スギ）43・0m（写真2）、二番がいすみ市の八乙女大杉（スギ）39・6m、三番が君津市の春日大社の大杉（スギ）39・6mである。**幹回り**は、一番が市原市三峰神社のイチョウ17・9mで（写真3）、二番が清澄の大杉と府馬の大ぐす（タブノキ）15・2mである。令和4年からの追跡調査では、20年前にあった樹木が倒木（写真4）、枯損で撤去されたものや、衰退した巨樹・古木もあった。

写真1．香取市府馬の大ぐす

（推定樹齢1400年）

写真3．市原市三峰神社イチョウ

（幹回り17.9m）

写真4．平成19年の台風で倒木した

木更津市高倉神社のツガ

（樹高20m）

写真2．鴨川市清澄の大杉

（樹高43m）

巨樹・古木が育つには

世界的な巨樹古木例としては、樹齢4600年と言われる米国カルフォルニア州のホワイト山脈にあるブリッスル・コーンパインがある（写真5）。日本では、樹齢2000年と言われる縄文杉がある（写真6）。これらは、いずれも針葉樹で人が近づき難い高山に生育する。ここで、巨樹・古木が生育する環境を考えてみた。まず一次地的に樹木が育つ主要な環境要因は、①大きな根系を支えるに十分で**良質な土壌**、②炭酸同化作用が十分できる**日照**、③大きな樹木の生理作用を維持するに十分な**降水量と気温**、④**外的障害**（**枝折れや倒木となる強風**、**生理障害となる病虫害**、**人によるブツ切り剪定や根系切断等**）がないことである。そして、二次的に巨樹・古木になる要因は①**樹種特性が生育環境に適していること**（植物生態学で潜在植生：図1）がある。植物はその地区の環境に合わせて遷移していく特性がある。千葉県では極相林は照葉樹林で（図2）、巨樹・古木調査での上位樹種であるスダジイ、クスノキ、タブノキ等が構成樹種である。また、②**様々な障害に対する抵抗性を備えている**ことがある。巨樹・古木上位樹種であるスギやイチョウは、日照を受けやすい円錐形で樹高30m以上になり、障害への抵抗力のある樹種である。加えて、③**巨樹古木が育つ環境の維持と保護**が行われていることである（写真

写真5．ブリッスル・コーンパイン

参照：樹の生命第5号

写真6．屋久島縄文杉

参照：鹿児島観光サイト

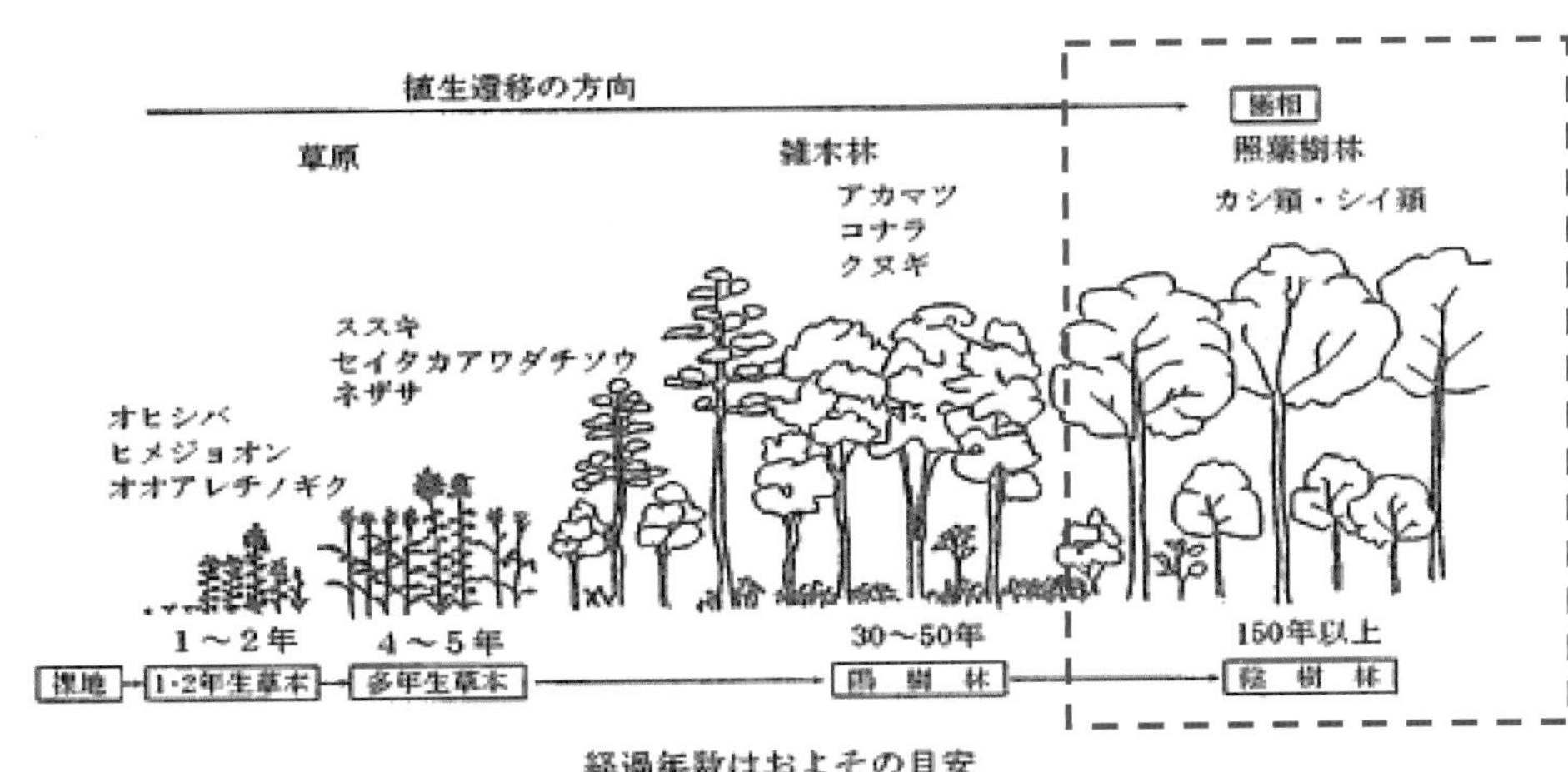

図1．植生の遷移（□千葉県）

7)。巨樹・古木調査でも82%が神社仏閣に生息し、71%が公共機関から指定保護されている。これらの樹種は本書に掲載の巨樹や樹林にも多くある。

巨樹・古木の保護提案

1990年以降に樹木医学が欧米から導入されて、樹木管理方法が、これまでの伝統的な庭園管理方法に、科学的な方法が加味されるようになった。樹木保護に際し、可能であれば樹木医等の科学的管理手法の分かる知見者からアドバイスを受けて行うことを提案する。

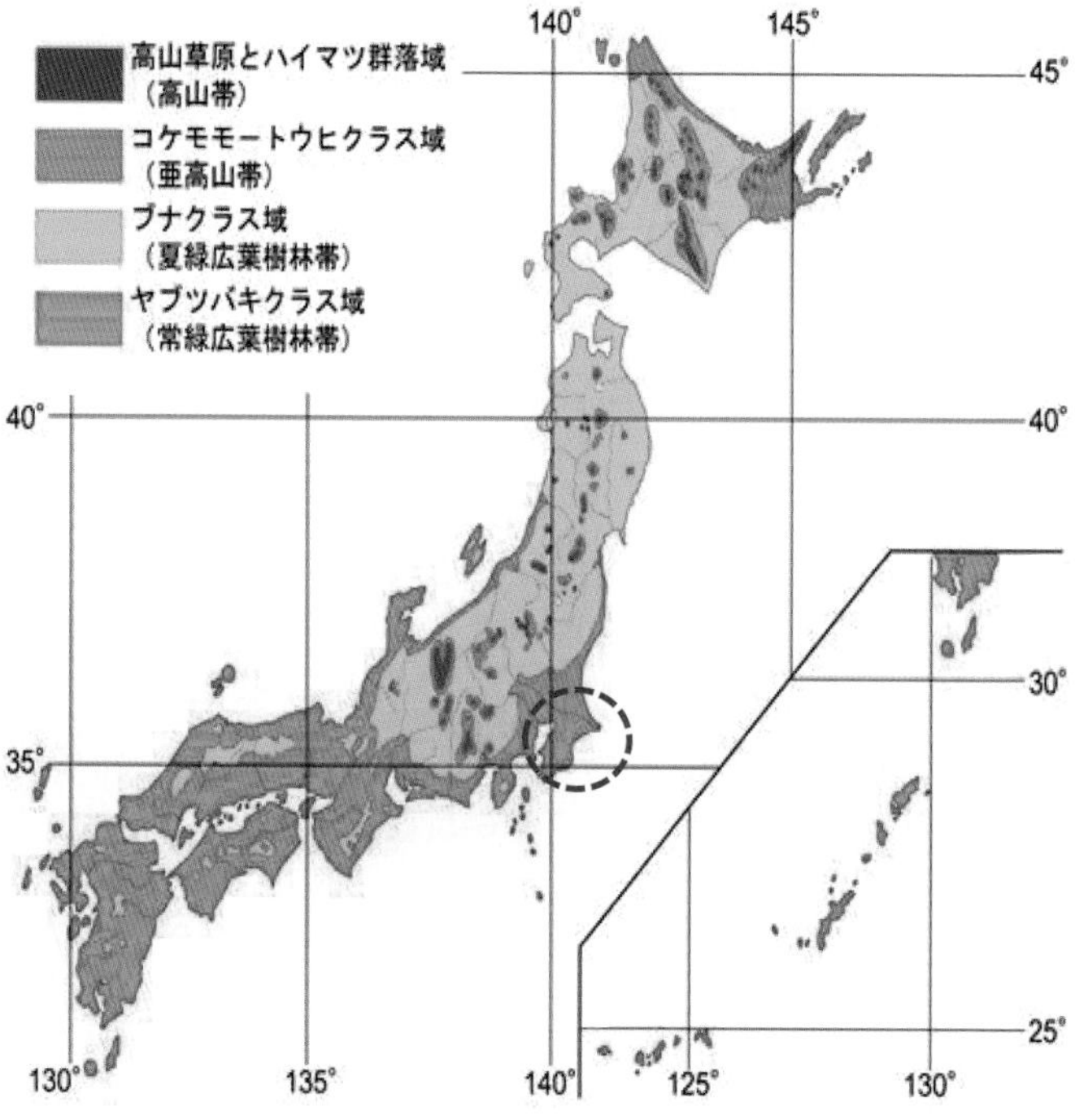

(出典:日本の植生、宮脇昭　編、昭和52年)

図2. 潜在自然植生図(○千葉県)

樹木医制度と樹木医

筆者の所属するNPO法人樹の生命を守る会は、一般社団法人日本樹木医会千葉県支部に属する樹木医(126名の内62名)が構成会員である。

樹木医制度は、巨樹・古木などの貴重な木を保護する専門家の育成・養成を目的に、林野庁の国庫補助事業として1991年に創設された。樹木医の認定は、一般社団法人日本緑化センターが行い、これまで3000名以上を認定してきた。筆者は第1期生・認定番号7号で、これまで多くの樹木の調査・診断・対策を行ってきた。

写真7. 空間の確保と根系保護

そして、樹木医とは、巨樹・古木だけなく、公園・街路樹・庭園・森林等、幅広い樹木の、保護・育成・管理や、落枝や倒木等の人的・物損被害の抑制、後継樹の育成、樹木に関する知識の普及・指導などを行う専門家である。現在は樹木医学会も設立されていて、これまでの技能や経験知による樹木の扱いでなく、樹木生理学や樹体力学等も含む科学的な研究が進んでいる。

本稿が巨樹・古木の保護に役立てれば幸いである。

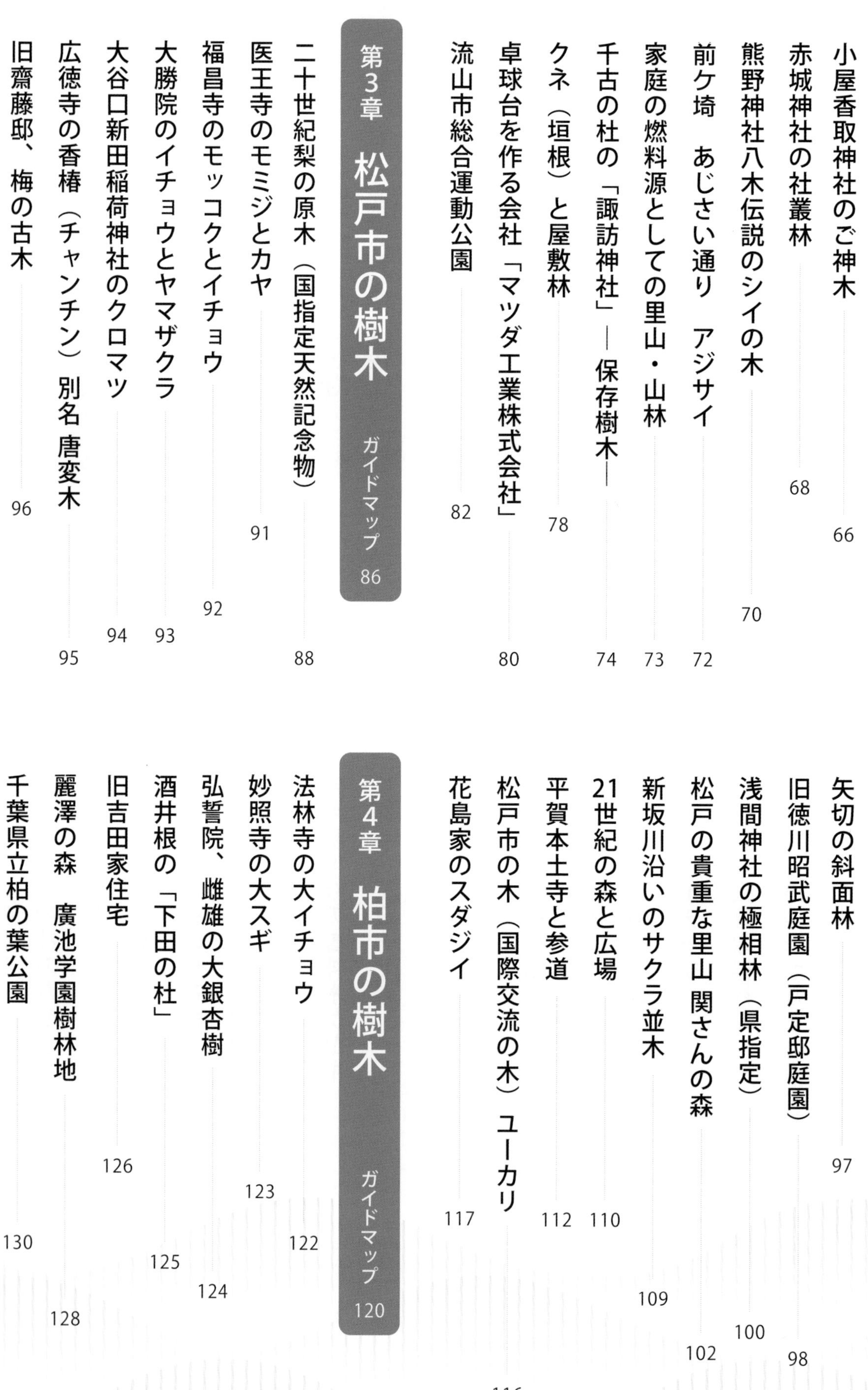

第5章　我孫子市の樹木

第6章　鎌ケ谷市の樹木

凡例

・本書は、流山市立博物館友の会が編集発行する「東葛流山研究」第 40 号の『東葛の樹木事典』として出版するものである。発売は「たけしま出版」が地域書店にて市販品として販売する。

・本書は、野田市（五霞町の一部）・流山市・松戸市・柏市・我孫子市・鎌ヶ谷市の６市内に存在もしくはかつて存在した樹木および樹林地、総計 100 余を対象に、会員間で調査取材し、分担執筆した。

・本書で取り上げた６市内の樹木および樹林地位置を示す「ガイドマップ」を各章毎に可能な限り掲載した。樹木および樹林地の位置をマップ上に記すに際しては、「国土地理院」発行の地図を参考に作成した。なお、ビジュアル編集につとめ、個々の樹木および樹林地の写真と、本文との関連を図った。

・本書で取り上げる樹木および樹林地の記述分野・内容は、各執筆者の関心と判断に委ねた。

・樹木の名称は原則、カタカナ表記としたが、執筆者の選択により、ひらがな、漢字もありとした。

・年号は、明治以前は和暦年（西暦）表記を、明治以降は西暦年（和暦）表記を原則とした。

・樹木の幹回り、樹高などはメートル表記（m）とした。

・本書の著作権（デジタル化権を含む）は流山市立博物館友の会に帰属し、２次使用等の著作権の対応にあたる。

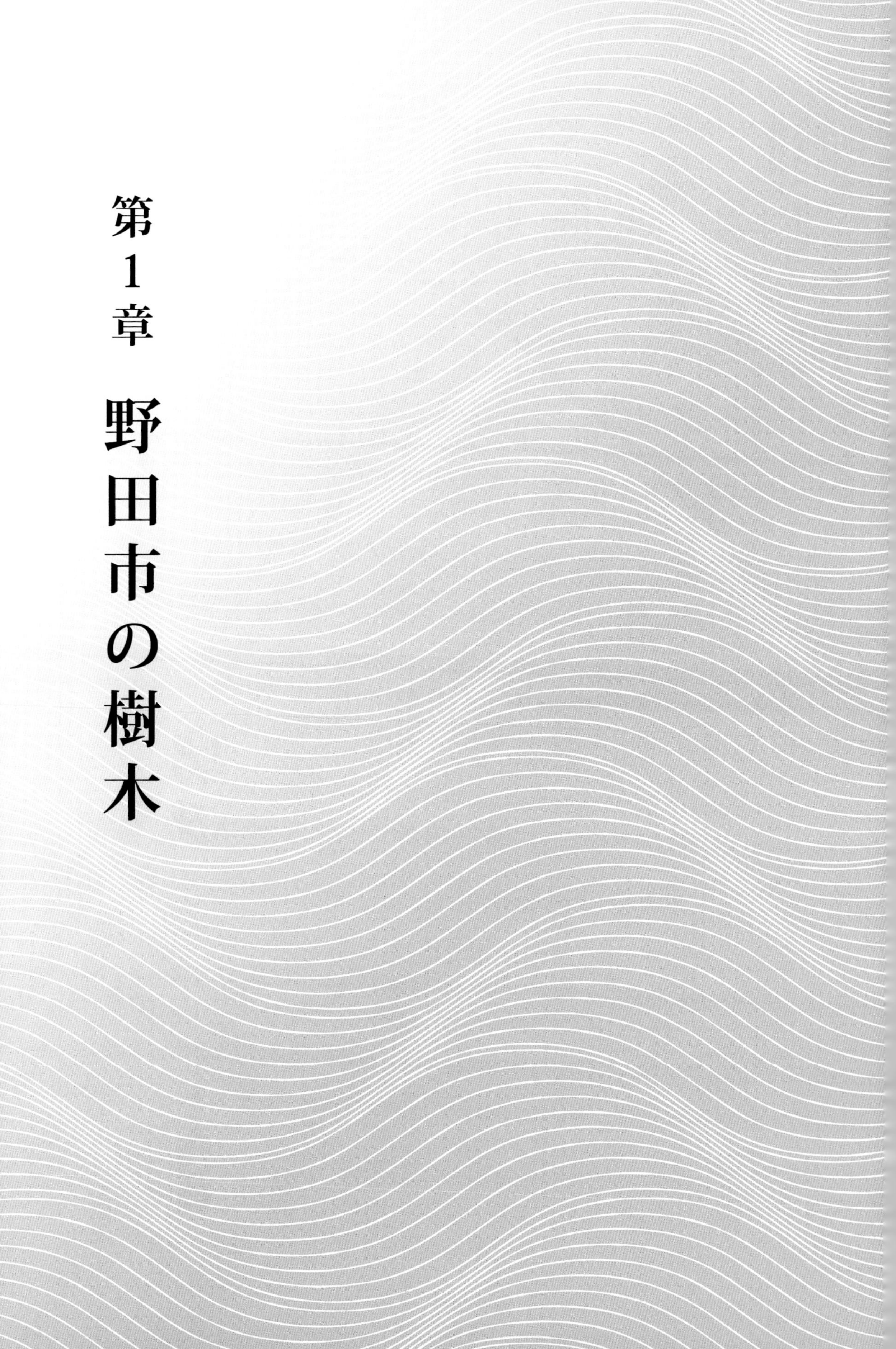

第1章　野田市の樹木

中の島公園のコブシ（茨城県五霞町）
関宿三軒家のケヤキ/けやき茶屋
境町
野田
関宿城跡
鈴木貫太郎記念館
関宿関所跡
関宿中学校
関宿小学校
幸手市
江戸川
利根川
二川小学校
二川中学校
杉戸町
茨城県
坂東市
東宝珠花/
いちいのホールの
イチイ
関宿中央小学校
木間ヶ瀬中学校
木間ヶ瀬小学校
野田市関宿総合公園体育館
0
10km
N
茨城県
野田
埼玉県
流山
柏
我孫子
白井市
印西市
松戸
鎌ケ谷
東京都
市川市
船橋市
八千代市

「国土地理院発行５万分の１地形図」を基に作図

中の島公園のコブシの木

中の島は利根川と江戸川の分岐点に近い中州を築堤してできた。昭和２年に権現堂川を廃川し、棒出しを撤去した際に江戸川上流部に関宿水閘門を建設したがそれまでのトラスト橋の鉄材や棒出しの石材が据え置かれて、建設資材も藤棚として使われている。水門も、水閘も「関宿」と名がついているが、茨城県五霞町に属する。「管理橋」を渡り、関宿水閘門に向かう右側の歩道を進むと中ほどに見事な白い花を咲かせる「こぶしの高木」があり、訪れる人達の目を長年楽しませてきた

樹高13ｍ・幹回り３・７ｍと関東でも１、２を表す高木であった。モクレン科モクレン属に属する落葉広葉樹。高木の一種、原産地は　朝鮮半島と日本、つぼみが拳の形に見えることから、コブシと名づけられた。花木にはオリーブの木のように雄と雌が別の木である場合もあるが、コブシは雄と雌が一体である。モクレンのような香しさはない。葉は互生、倒卵形で先が突き出る。

満開のコブシの木
２００５年 新保國弘氏撮影

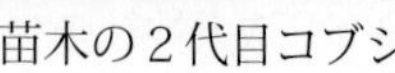

苗木の２代目コブシ

春一番を告げてきた

早春に木々に先駆けて白い大きな花をつける。「こぶし咲く、ああ北国の」と歌われて、東北に待ちに待った春を告げたが、この中の島公園（五霞町）でも春一番の花木であり、境町の後背、真北には筑波山が見えた。

令和１年台風19号の際にも、古くはキャサリン台風にも利根川と江戸川の合流部にあるこぶしは、幾多の水害に抗して。周りのケヤキの大木とともに倒れずに坂東太郎を見つめてきた。

が、樹齢が約１００年といわれたこぶしも寄る年波や自然災害に抗せず、樹木医の努力の甲斐もなく、令和３年１月18日に枯死したため撤去されてしまった。

令和４年11月８日に２代目の苗木が植えられた。現在はその場所には１ｍの苗木が、植えられたばかりで、細身をさらしている。木杭の後ろにかすかに見える細い線がコブシの苗木である。２代目のこぶしがどのように成長をしていくのか楽しみだ。

（當麻多才治）

所在地　関宿水閘門の東、五霞町山王１２６５—１

岩名香取大神社 ヒマラヤスギ

ヒヨクヒバとヒマラヤスギ

岩名は、江戸川に沿って南北に細長く、川を隔てて埼玉県松伏町と接している。昭和初期頃まで桃やスモモの栽培がさかんで、明治の野田町の観光案内には、座生沼の隣に「大桃林」として紹介されている。

岩名香取大神社は慶長19年（1614）の創建で、祭神を「経津主命」とし、大杉様や浅間様もある。

『東葛全鎮守の森の樹木調査研究』（2001年発行）の種別巨樹リストに、岩名香取神社のヒヨクヒバ（幹回り2ｍ69㎝）が挙げられているが、今回香取大神社に行って見ると、ヒヨクヒバはなくなっていた。

参道の両脇と本社の裏側を大木が囲っていて、参道の両側にヒマラヤスギが6本あり、参道の高木を担っていたので、ヒヨクヒバに替えてヒマラヤスギをタイトルとした。2001年（平成13）にはヒマラヤスギも11本あったことが記録されているから、現在では半分に減ったことになる。

ヒマラヤスギはスギではなくマツの仲間で、ヒマラヤ原産。日本には1879年（明治12）に渡来し、横浜山手公園に植えられたのが初めとされる。

香取大神社のヒマラヤスギ

香取大神社の鳥居から本殿に向かって参道左側に、ヒマラヤスギの大木4本が同じくらいの高さで並んでいる。そのうち入口に近いヒマラヤスギは、幹回りが2ｍ64㎝、樹高は28ｍ程(直角二等辺三角形で簡易測定)だった。

枝を横に広げ、本来は円錐形の樹形になるというが、枝の剪定がされている。

樹皮は灰褐色で鱗状。葉は銀色を帯びた青白い短い針状の葉が、垂れ下がるように伸びて風に揺れる。上の方には大きな松ぼっくりが数個ついているのが見える。松ぼっくりは晩秋に熟すと種鱗をぱらぱら落とし、最後にバラのような形の先端部が落ちるそうだ。

12月に行った時に、参道反対側のヒマラヤスギの下には、茶色い狐のしっぽみたいな雄花が大量に落ちていた。

2013年の竜巻被害

2013年（平成25）の9月2日午後2時すぎ、埼玉県越谷市付近に発生した竜巻とみられる突風が野田市岩名を通過し、全壊含め大きな被害が出た。隣の真光寺の屋根は飛ばされ、香取大神社も参道の灯籠と大木が倒れ、本殿を囲っていた塀が壊された。その後本殿は新しく改修された。その時倒れた木が何だったか氏子さん何人かに尋ねるも、はっきりしなかった。本殿の再建に比べると木に対する関心は薄れがちだ。

総代の高須賀さんもヒマラヤスギには気をかけているようだった。氏子さんの話では、以前も拝殿の屋根を守るために、拝殿脇の木などを根元から伐る時は、役員15人が相談の上で伐ったものだという。

敷地内にはヒマラヤスギ、ヒノキ、スダジイなどの大木の他、1993年(平成5)の「皇太子同雅子妃両殿下ご成婚記念樹」のコウヤマキや、1990年（平成2）「ご即位記念」のサクラなども植樹されている。

神社の脇の個人の土地を植木屋さんに貸しており、その中にヒヨクヒバの黄色い苗木を見た時、思わず以前あった神社のヒヨクヒバの子孫かと思ってしまったが、神社とは関係ないとのことであった。

（岡村純好）

調査協力

柳沢朝江氏（利根運河の生態系を守る会）

谷津・吉春香取大神社 スギ

谷津と吉春

谷津と吉春地区は、野田市を南北に通る東武野田線の清水駅と七光台駅のほぼ東側に位置する。谷津と吉春は互いに多くの飛地があり、香取大神社は2つの地域の氏神様で、ちょうど参道が境になっているという。

創建は元和10年（1624）で、訪ねた時「創建四百年」の幕が掛けられていた。

神社名に「大」の字が入るのはなぜか堀越史生禰宜に尋ねると、はっきりとはわからないが、野田市に合併する以前の七福村だった地域には、香取大神社以外にも神明大神社や秋葉大神社などがあり、明治になって名前を変える時にこの地域だけ「大」を残したのではないかと、社務所に残る古い「正一位香取大明神」の額を示して話してくれた。

スギ

鳥居をくぐり参道を進むと、右側のケヤキと左側のスギの大木にしめ縄と紙垂が付けられている。ケヤキの上は伐られている。

堀越禰宜さんは「神社にある木はみんなご神木で、特にこの木がご神木というわけではない。香取様だからスギということもない」と話されるが、まっすぐ伸びたスギの幹はひときわ目に入る。1998年（平成10）の記録（1）では幹回り3m13㎝だが、2022年（令和4）には3m37㎝に成長していた。

しめ縄の付いた参道脇のスギ

社殿改築記念碑

境内に「香取大神社社殿改築記念碑」がある。1989年（平成元）に社殿を改築した際の記録が記され、神社の木についても触れている。

「近年損壊が甚だしいので氏子一同は恐懼して改築の議を決め、奉賛会を結成（略）設計施工を習志野市織戸社寺工務所に課せて（略）平成元年六月完成（略）

更に社務所を建て手水舎を設け花崗石の鳥居を立て社号標狛犬灯篭を配し参道に石畳を敷き石階を築き堅石の瑞垣を囲らし　巨杉の社叢を主軸に各種樹木を植えて林相を整え（略）計画は全て竣工しました。（略）」

禰宜さんのお話では、建て替えた時の宮司は祖父で、神社は今よりも木が鬱蒼としていて、木に登ったまま枝をつたって遊んだ氏子さんの話もあるほどだが、建て替える際に木を伐って透いてしまったので、建てた後に氏子さんといっしょに木を植えたものだという。

あとから植えたと思われる幹回り17㎝ほどの細いスギが、入口鳥居の横に2本、本殿の後に3本、本殿の横の東側に8本が並んで植えられている。

また、ヒノキは、拝殿横から後方の西側一帯に、幹回り38㎝ほどの木が、間隔を2mほどあけて点々とある。幹の太いもの3本を合わせると、ヒノキとサワラは72本にもなった。吉春は戦前まで植木の苗の生産地だった（2）というので、その歴史にふさわしい姿といえるかもしれない。

神社の後、北側のコンビニ駐車場から神社を見ると、神社の森は、横長の丸い形を描いていた。細いご神木が成長して、神社の森が大きく色濃くなっていくのを想像した。

（岡村純好）

参考文献

（1）『東葛全鎮守の森の調査研究』
田中利勝　自然通信社
（2）『野田市史編さん調査報告書第4集
吉春・谷津・岩名・五木の民俗』

遍照院のムクノキ（椋木）

関宿我孫子線を走り三角原を右折し、香取神社から右旋回し、下り坂の先は、野田市スポーツ公園。利根川土手は海から100㎞、開放的な公園である。公園は整備されて日も浅いのか高木は少ない。あたりを見回し、駐車場から後ろを振り向くと高台に遍照院のムクノキ（椋木）が目に入る。

室町時代、永禄元年（1558）開山、真言宗豊山派の寺院。南無大師金剛菩薩・勝鬼山と門柱にある。境内には3本の大きなムクノキが寺を囲んでいる。

樹齢300年を超える老木

1本は、石門の入り口左手裏にあり、10m近くはあろうか。樹齢300年は超えると思われる老木、上部にわずかに枝が残り、樹形をとどめておらず、かつての雄姿は想像ができない。枝を落とされた恨みなのか、下半身にいくつも力こぶが出来て不気味である。が、回り込むと中は空洞化し、祠になっているが、御大師様の小さな石仏が穏やかな表情でのぞき込む人の心を鎮めてくださる。

祠の中に鎮座する小さな石仏

筑波に向かい利根川を眼下に収める椋木

本堂右横の講堂そばにかつては利根川を眼下に見下ろし、東北の筑波に向かい、木野崎の風雪を見守ってきた大きなムクノキ（椋の木）がある。落葉樹なので、厳しい風に晒されて、幹の肌は灰褐色できれいではない。

葉は互生であるが、鋸刃のようにギザギザしている。遠目にはケヤキと区別付きにくいが、初夏には目一杯枝を張り、樹形は見事である。秋には黒い球形の実をつけ、鳥たちのご馳走である。クヌギやクリと違って地域の人々の生活にはあまり役に立ったとは思えないが、直立不動のムクノキは船人や旅人にも十分存在感を示したものと思われる。

江戸期には木野崎河岸が近くにあり。遍照院横の坂道は「陸（おか）船（ふな）道（みち）」とも呼ばれた道を馬が駆け上がり、今上河岸に向かった。

大正から昭和の初めには湾曲していた利根川は直線化され、木野崎は分離される。渡し船で柳耕地（流作場）に出向くことになるが、遍照院のムクノキは朝日を浴びて行く時も西の空の夕陽に迎えられる時も人々の安心と安全を見守った。

（當麻多才治）

清水公園の樹木

自然を活かした公園

フィールドアスレチックやキャンプ場、アクアベンチャー、ポニー牧場、花ファンタジアなどの施設を備え、自然公園で人気の清水公園。

始まりは、醤油醸造業柏屋の茂木七郎右衛門（柏衛）が金乗院の土地を借りて公園を作り、1894年（明治27）に開園した。株式会社千秋社が運営している。

聚楽館という建物のある所が最初に造園された場所で、第一公園と呼ばれる。

今の花ファンタジアのあるあたりは、もとは座生沼が広がっており、第一公園の西側にある浅間様の上から、沼と遥か遠くの富士山が見晴せたという。

公園中央の池より北側は第二公園と呼ばれ、1929年（昭和4）に農林学の権威であった本多清六博士が、もとからの自然を生かして設計し、拡張された。

起伏ある公園で、長い歴史の中で金乗院と公園が一体のようになっており、仁王門をはじめ、歌人の碑や先人の顕彰碑など、あちこちに歴史を感じさせるものが残っている。

清水公園の木

清水公園はサクラやツツジの名所としても知られ、日本さくらの会より「日本さくら名所100選」に選定されている。約50種2000本のサクラが植栽されているという。

金乗院境内にあるうろの中から若い幹根が生じた劫初の桜や、第二公園西端にある、「桜博士」とも呼ばれた笹部新太郎氏ゆかりの笹部桜も珍しい。

清水公園で「野田の樹木を見て歩こう会」の方に声をかけられ、「清水公園の樹木」というタイトルの常緑・落葉別の地図と所在区分索引を見せていただいた。そこには326種の樹木があげられていた。

同会の矢野平真人氏らが、2014年（平成26）に作成した「清水公園巨木大木めぐり種目別巨木大木ランキング」のリストを参考に、おおよその位置を示したのが次頁の地図である。その資料には、幹周3m以上の巨木のうちの半分がヒマラヤスギであったと書かれてある。

第二公園で手入れをしていた職人さんは、ヒマラヤスギの大木は本多清六博士によって植えられたものと話す。金乗院にある名札のつけられたヒマラヤスギ②は、幹回り4m20㎝で、堂々とした樹形を見ることができる。

清水公園内の木で幹回りが一番太いのはスダジイ①で、第一公園から池へ下る階段の途中にある。幹が三又に分かれており、幹回り5m80㎝（2014年は5m15㎝）。

第一公園の斜面には他に、シラカシ⑤、マテバシイ⑩、アカガシ⑥などの大木がある。

聚楽館の周囲にはヒヨクヒバ㉒、アカマツ㉕、ヒノキ㉜、シダレザクラ㊵、カヤ㊶、コウヤマキ㉜などがあり、梅林となっている。

金乗院前から第二公園へ向かう道沿いには、ラクウショウ㉑、コウヨウザン⑫、ヒマラヤスギ、など背の高い木が多い。その下をツツジが斜面を覆うように植えられている。ツツジは100品種2万株で、刈り込みのない本来の姿を見ることができる。

同会の方のお話によると、金乗院の前の広場にあるメタセコイア⑦は新宿御苑の木から挿し木したものを、キッコーマンの工場や学校などと共に植えたものであるという。

2019年（令和元）のエントランス改装の際に新たに植えられたハナノキは、紅葉が美しい。行くたびに木の手入れをしている人を見かける公園だ。

（岡村純好）

取材協力
株式会社千秋社　清水公園
野田の樹木を見て歩こう会
会員の小山章氏・長澤良一氏

参考文献
「清水公園の樹木　①常緑　②落葉」
「清水公園巨木大木めぐり」　野田の樹木を見て歩こう会
『野田の史跡を訪ねて』野田市立與風図書館

清水公園の樹木

野田の樹木を見て歩こう会
「清水公園巨木大木めぐり
種目別巨木大木ランキング」
より地図作成（岡村純好）

オートキャンプ場
第3P
座生荘
キャンプ・バーベキュー場
⑰クロマツ
シマサルスベリ ㊱
フィールドアスレチック
ハリギリ ⑪
○笹部桜
第2公園
エノキ ㉝
⑫ コウヨウザン
座生排水路
㉔ コブシ
㊷ ムクノキ
ヤマザクラ ③（塀の外側よりご覧ください）
ラクウショウ ㉑
コナラ ⑮
慈光山金乗院
劫初の桜
⑯ヒバ
第2P
④ソメイヨシノ
ハルニレ ㉟
P
イチョウ ⑨
タブノキ ㉗
㊻
シリブカガシ ㉚
タイサンボク ㊺
サルスベリ ⑧ ②ヒマラヤスギ
モミジバフウ モミ
イロハモミジ ㊳ ㊴
⑦メタセコイヤ
総合案内所
トウカエデ ㉛
清水公園駅
① ⑩
イヌシデ ㉞
スダジイ ⑲ ⑤
㉖
仁王門
⑥ サワラ
第1公園
⑭スギ
㉓クスノキ
第1P
N
聚楽館 ⑱ ㉒
㉜
花ファンタジア
アカマツ ㉕ ㉙ ㊵
㊶ カヤ
コウヤマキ
ケヤキ ⑬
ポニー牧場
ヒノキ
シダレザクラ
㊲ オオシマザクラ
㊸レッドオーク
⑳ユーカリ
浅間様
第4P
⑩マテバシイ
⑲テーダマツ
㉖トチノキ
⑤シラカシ
⑥アカガシ
㉒ヒヨクヒバ
アクア ベンチャー
旧花野井家住宅

順位	樹木名	16	ヒバ	32	コウヤマキ
1	スダジイ	17	クロマツ	33	エノキ
2	ヒマラヤスギ	18	サワラ	34	イヌシデ
3	ヤマザクラ	19	テーダマツ	35	ハルニレ
4	ソメイヨシノ	20	ユーカリ	36	シマサルスベリ
5	シラカシ	21	ラクウショウ	37	オオシマザクラ
6	アカガシ	22	ヒヨクヒバ	38	モミジバフウ
7	メタセコイヤ	23	クスノキ	39	イロハモミジ
8	モミ	24	コブシ	40	シダレザクラ
9	イチョウ	25	アカマツ	41	カヤ
10	マテバシイ	26	トチノキ	42	ムクノキ
11	ハリギリ	27	タブノキ	43	レッドオーク
12	コウヨウザン	28	センダン	44	ユズリハ
13	ケヤキ	29	ヒノキ	45	タイサンボク
14	スギ	30	シリブカガシ	46	サルスベリ
15	コナラ	31	トウカエデ		

野田の樹木を見て歩こう会
『清水公園巨木大木めぐり　種目別巨木大木ランキング』より
順位と樹木名のみ記載　２８位センダンと４４位ユズリハは消失

第一公園階段のスダジイ

三ツ堀里山自然園

三ツ堀は野田市東部にあり、利根川右岸の低地であり、東は瀬戸、北は木野崎、南は三ケ尾に囲まれている。7号線(関宿我孫子線)を北に利根運河水堰橋から約2km走り、左に福田郵便局を右に福田中入り口を過ぎれば、まもなく、右側が三ツ堀自然園入り口である。

園の広さは、8・87ha、南北は約830m、幅は約45m～220mと横長。一周は1、850m。小川は、北の上池からヤナギの池、タナゴ池、スズキ池、メダカ池まで南に緩やかに流れる。

池の周りは葦が生えた湿地帯であり、実際に池の全形を確認するのは難しい。

園東側には福田小学校、西側は野田市パブリックゴルフ場けやきコースが隣接している。緑も多く、コースの中を「三ツ堀の一つが流れていたのではと想像される。三ツ堀村は「三つの小川が流れる低地であり、「三ツ堀」と呼ばれようになった」ことは文献で確認ができるが、三つの堀がどこを流れていたかは不明である。

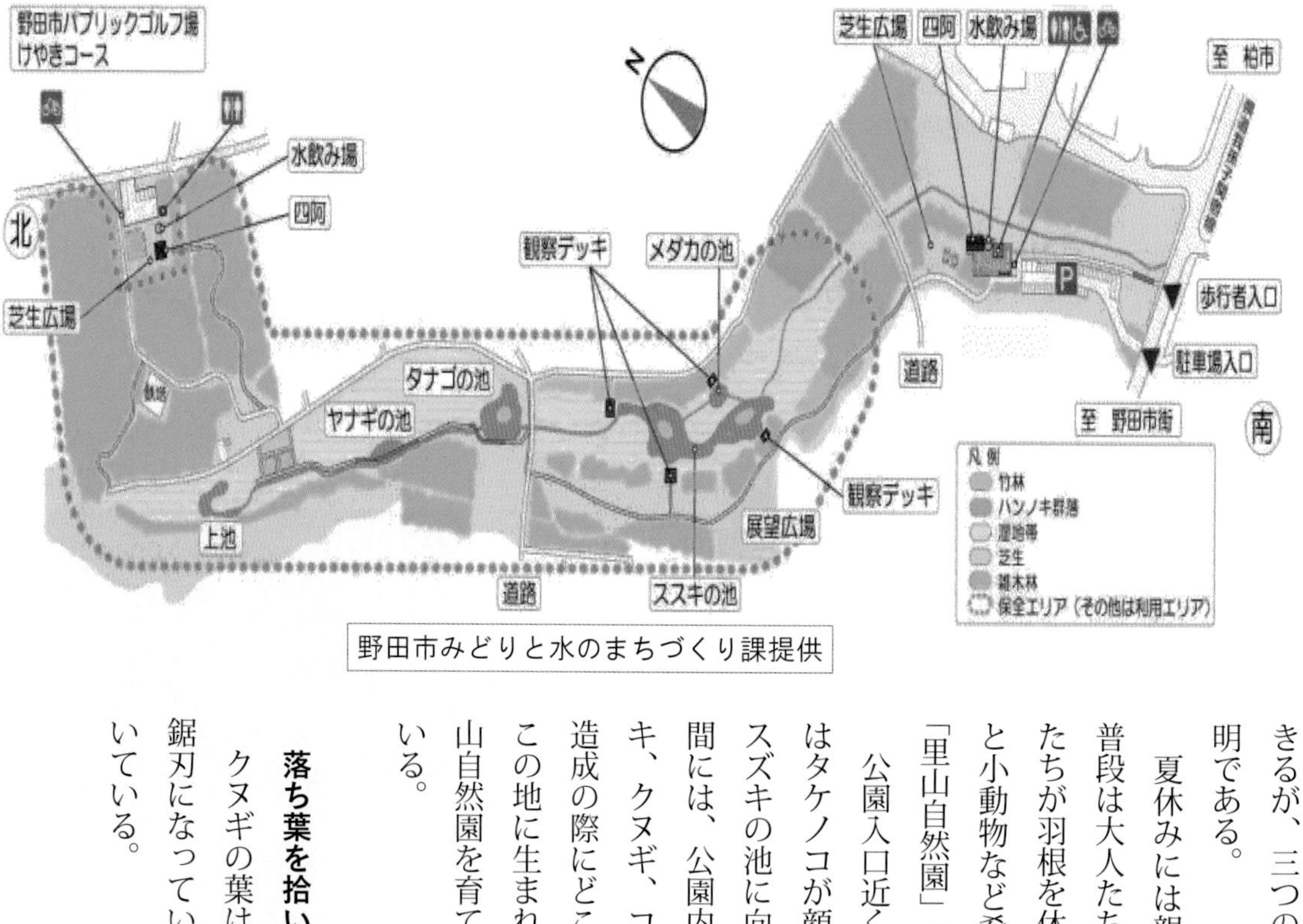

野田市みどりと水のまちづくり課提供

夏休みには親子づれが網と虫かごを持ち、普段は大人たちが散策を楽しみ、カメラで鳥たちが羽根を休める姿を追う。多種類の花木と小動物など希少な生き物がともに暮らす、「里山自然園」である。

公園入口近くにはマダケが生えて、5月にはタケノコが顔をだす。モウソウ竹を横目に、スズキの池に向かう。池手前の光が抜ける空間には、公園内でも一番大木に成長したエノキ、クヌギ、コナラなどを確認できる。公園造成の際にどこからか移植したものではなく、この地に生まれて成長した大木だそうだ。里山自然園を育てる会の会員によって守られている。

落ち葉を拾い葉形を見る

クヌギの葉は長い楕円形だが、葉脈の先が鋸刃になっているものの、柔らかいひげが付いている。

クヌギ

堂々したエノキの大木

この地方に多い落葉樹であり、胴回りも4m以上はあろうか。樹齢も正確には不明だが、昔からこの場所にあり。300年は超えるという。この地域ではエノキは屋敷と屋敷の境目に植えられた。秋には赤褐色の実がなるので小鳥の餌になる。樹皮は灰褐色で新枝には毛があり、葉は左右不揃い。先半分には鋸刃があり、葉脈は基部と主脈から伸びる2脈が鮮明。

エノキ

カマキリを心配するコナラ（ブナ科）

薪炭やシイタケの保木として使われる。材は固くて、重い用材として徴用され採後は芽を育てて再生された。樹皮は縦浅く裂け、葉は先の方が広くなっている。伐採後は芽を育てて再生された。コナラはカマキリムシによる食害を心配してか、どこか弱々しい。

生活に生かされた樹木たち

三堀地区では生垣はクネと呼ばれるが、モチノキ、カシ、ツゲが多い。カシはツゲと併用され、上段はカシ、下段はツゲが使われた。年輪を経た樹木は建築材や調度品や婚礼道具として重宝された。屋敷林は竹、ケヤキ、杉、ヒノキなどに生かされ、家屋を囲い、燃料に家具にもなり、地域の生活にとっては何ひとつ捨てる所のない大切な樹木たちであった。

「野田市調査報告書6、自然と環境」

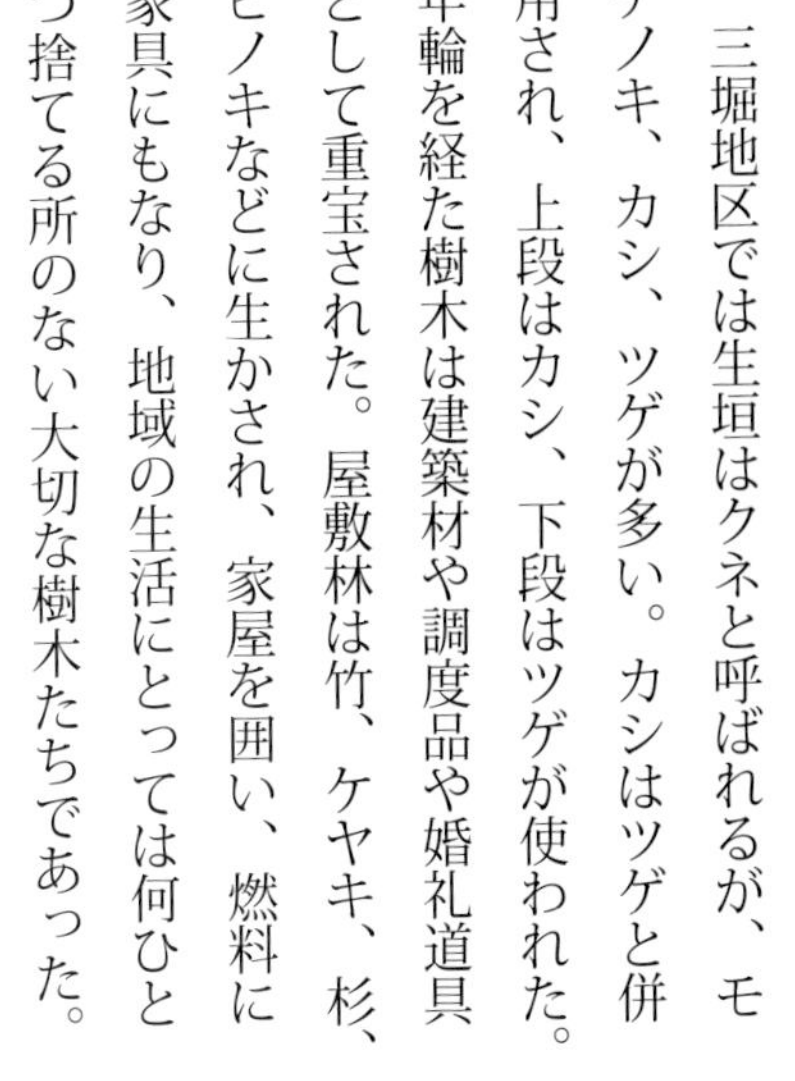

コナラ

ツゲからどんぐりが落ちてきた

常緑低木、枝葉が密なので生け垣などにも使われる。コナラと同じように薪炭やシイタケの保木にも使われる。どんぐりが2年がかりで成る。樹皮は不ぞろいで深く割れる。材は固くて、重い用材として徴され、採後は芽を育てて再生された。樹皮は縦浅く裂けている。どんぐりの生る木はブナ科に属し、どの葉も船のような形であり、葉裏をみると葉脈がはっきりしているのが特徴だ。

クワ

高木のクワ（桑）に驚く

カイコを育てるために桑の葉を採取に出かけた時に見た桑の木は手が届く低木であったが、ここでは８ｍもある高木に成長をしていた。クワは本来高く伸びるものだが、人が葉を採集しやすいように横に伸ばしたために、私たちはいつの間にか低木と思ってしまった。果樹木の場合も本来はもっと高く伸びるのに人が採取をしやすいように剪定をすることが多い。クワの樹皮は縄の目のようで独特だ。

イボタノキ

オニグルミ（鬼胡桃）

谷間に多い、落葉広葉樹、縄文時代から食用、油用とされてきた。樹皮は縦に割れるが段差が多いのが特徴である。

多様な木に会える

ツルウメモドキ

ツルウメモドキ、ヒノキと並んで寄り添っていたミズキ、白樫とこの里山自然園は実に多様な木にお目にかかれる。

タナゴの池

三叉路を、タナゴの池に沿って左に少し歩くと池には県最重要保護生物の「ニホンアカガエル」がいる。５月にはオタマジャクシが育つので、そっとしておくことも必要なようだ。元の回遊コースに戻る。北東の道沿いはコゴメウツギなど低いやさしそうな木が多いので、池の全景が視野に入ってくる。

木釘に使われたウツギ（空木）

池の東北側は雑木林で池の周りには樹木は少なく、やや低木で優しいウツギが静かに周りの草木となじんでいる。

メダカ池の展望台の足元には「カラハナソウ」（日本在来種）の三つ裂けになった葉が見られる。ビールのホップに似ている。野田市ではここだけで「最重要保護生物」に登録されているそうだ。

メダカ池

デッキからみる池の周りは水と光影のバランスが微妙に良いのだろうか。

ハンノキ（榛の木）が群生

公園の東南の角には、ハンノキが群生し、林を形成しているが、立ち姿は目を疑わせる。木は本来、天に向かって伸びると思われるが、ハンノキは斜めにのびたり、横に広がり小道を塞ぎ、龍のようなものすらある。場所が斜面であるためなのか、川風が吹き付けたのか、斜めの原因はわからないが、穏やかそうな三ツ堀にも自然環境が厳しい時があったことが想像される。

（當麻多才治）

江川地区の東西斜面林

江川地区とは

江川地区は、野田市東南の端にあり、面積約90 ha、縦横長は奥行約１８０ｍ幅約２５０ｍの細長い谷津地形で（筆者はこの長谷津を江川谷津と呼ぶ）、水田の標高は６ｍ前後、東西斜面林台地は最高点で18ｍである。

利根運河対岸の市立柏高校屋上から眺めた江川地区
2008年10月新保撮影

江川地区のほぼ中央を真っすぐに幹線排水路「江川」が流れ、東南の先で利根運河に注いでいる。運河の対岸に市立柏高校の校舎が建つ。江川地区の西北先は江川に沿い梅郷住宅団地が形成されている。

江川排水路　２００５年９月

井戸と東斜面林　２０１１年４月

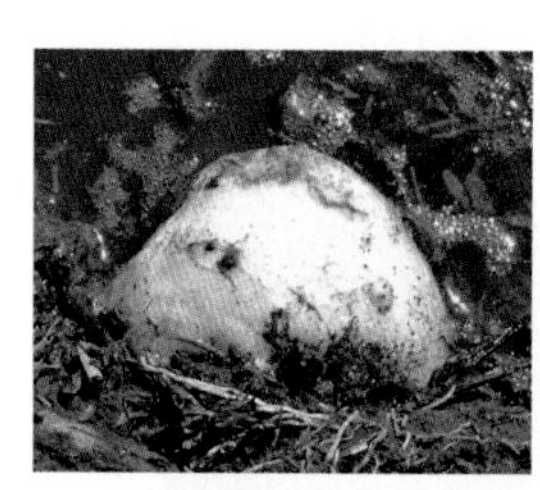

シュレーゲルアオガエルの卵塊を水田で確認。2008年5月6日

江川の両岸には水田が広がり、左岸（東側）の水田奥には大小２つの谷津を囲む斜面林が連続し、斜面林台地の東先には利根川が流れている。右岸（西側）の水田奥には７つの小さな谷津を囲む斜面林があり、台地上には畑が広がっている。

現在の本地区の主体は「野田市江川土地改良区」であるが、前身の「福田村江川耕地整理組合」が設立された明治44年（１９１１）当時は、野田の上三ケ尾、下三ケ尾、西三ケ尾、二ツ塚、瀬戸、三ツ堀、大青田、および田中村大字船戸の計８大字からなっていて、昭和８年（１９３３）の江川耕地整理記念碑建立時の地積は２１９町歩と碑に記銘されている。その江川耕地の下流部分だけが都市開発から外されて残っていると言える。現在、東の斜面林は瀬戸台地、西の斜面林は下三ケ尾・西三ケ尾台地ということになる。

福田村江川耕地整理組合設立認可申請書
明治44年2月21日
江川土地改良区所蔵

大正８年頃の江川と江川耕地と東斜面林。江川には小舟が浮かぶ。斜面林は定期的伐採が行われていたことがこの写真から分かる。
江川土地改良区所蔵

同地区北部には、農業生産法人「野田自然共生ファーム」（野田市三ツ堀３６９）、および特定天然記念物コウノトリの飼育・繁殖・放鳥施設「こうのとりの里」があり、交通アクセスの目印になっている。最寄り駅は東武野田線梅郷駅で、東口から茨城急行バス「野田梅郷住宅行」に乗り終点で下車、徒歩約10分の入り口に、「野田市こうのとりの里」と書かれた案内板が立っている。

江川地区でオオタカとサシバが巣立ち

利根運河の生態系を守る会の猛禽類調査班は、地元市民の要請で、江川地区で2001年1月からオオタカの行動圏調査および営巣調査を開始した。その後、2005年に、この斜面林でオオタカに加えサシバも営巣・巣立ちを確認し、野田市長に報告に出向いた。

江川地区オオタカ行動圏調査地図の一事例。利根運河の生態系を守る会猛禽類調査班所蔵 2002年1月作成

江川地区においては、1997年から2002年に至る6年間の猛禽仲間の調査で、ミサゴ、トビ、サシバ、ノスリ、ハイイロチュウヒ、チュウヒ、オオタカ、ハイタカ、ツミ、ハヤブサ、コチョウゲンボウ、チョウゲンボウ、コミミズク、フクロウ、オオコノハズクの猛禽類15種を確認している。

斜面林保全条例を制定

江川地区の自然地形環境の維持、野生動植物の保護、そして景観条件としても極めて重要な江川地区の斜面林を保全しようと、野田市では「野田市貴重な野生動植物の保護のための樹林地の保全に関する条例」を制定し2007年4月から施行している。

野田市では、保全樹林地区として地区指定した東西斜面林の所有者は77名、筆数は188筆、面積は約16ヘクタール（斜面林のうち、畑、道路等を除く）である。所有者には固定資産相当額を助成し、保全管理協定を締結し、適切に管理されるよう保全管理費を助成するとともに、土地の譲渡を予定している所有者に対しては、届出を義務化し、市が優先的に買取協議を行う仕組みを採用している。

2014年報告「江川地区の樹木調査」

さて、江川地区全体の植生調査を、利根運河の生態系を守る会植物調査チームが2008年6月から2013年12月に至る6年間、48回調査し、2014年2月に報告書を作成している。その中から樹木データだけを抜き出して以下に示す。

調査区分けは、江川地90 haを江川両岸と、江川に架かる5つの橋で区切り、A～K、大作、瀬戸の耕地の13区画に分けて記録した。江川地区の木本類（樹木のこと）の総出現数は53科118種である。

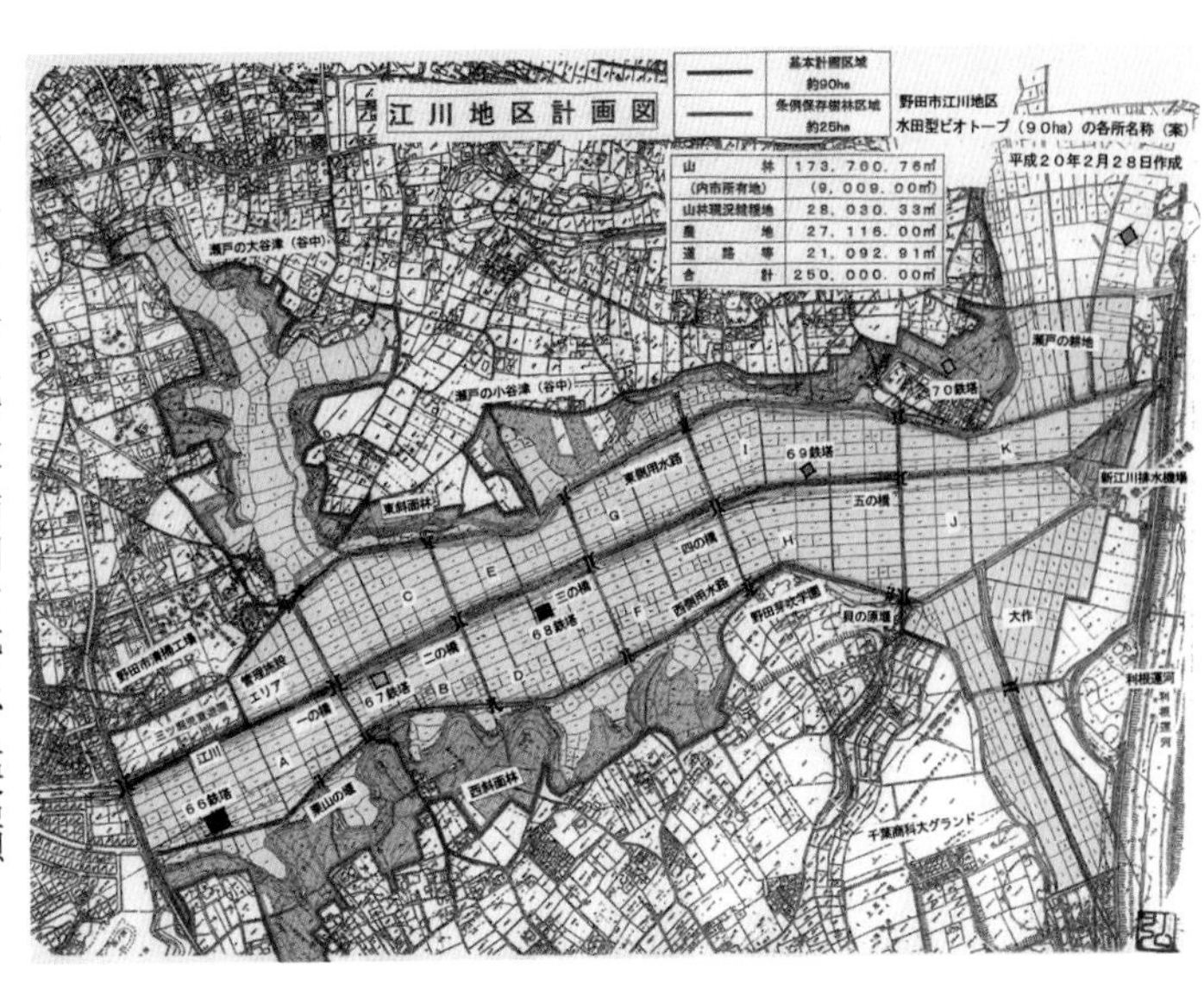

野田市の江川地区計画図を元に、猛禽類調査・植生調査等のために鉄塔名・橋名・地区名・水路名等を新保が加筆

各地区の木本類（樹種）数を次に示す。A地区86種、B地区72種、C地区56種、D地区63種、E地区48種、F地区65種、G地区11種、H地区45種、I地区53種、J地区2種、K地区25種、大作62種、瀬戸36種。

江川地区の斜面林は、シラカシ、スダジイなどの常緑樹、コナラ、エノキ、ムクノキなどの落葉樹と竹林が、ほぼ三分の一ずつ占有している状態であった。

新緑の江川地区の自然を存分に味わおうと東斜面林下を歩く地元小学校の子どもたち一行　2007 年 5 月

東斜面林の紅葉が江川の水面に映る　2009 年 12 月

昔の里山の雑木林は、燃料など生活の利用のために頻繁に伐採されるなど管理がなされ、遷移が止められていた。が江川地区の斜面林は長い間、人の手が入っていなかったため、エノキ、ハリギリ、コナラ、クヌギなど里山を代表する落葉樹が高木、大木になっている。落葉高木の下にはシラカシ、アオキなどの常緑樹が大きくなりつつあり、斜面林内を暗くしている。

また、多くの里山がそうであるように竹林の手入れがなされず、周りの落葉樹林を侵食している。このまま遷移が進むと、江川地区の斜面林は常緑樹と竹林が大部分を占めるようになってしまう。

江川地区斜面林の特徴的な樹種を挙げる。

■コブシ（モクレン科）早春の里山を象徴するような白い花をつける樹。樹木数も多く、谷津両側の斜面林に高木が多く生育している。

■ホオノキ（モクレン科）江川地区の斜面林では5月の緑の中で遠目にも目立つ大きな白い花がみられる。

■イヌザクラ(バラ科)A地区の水路に沿って大木3本、C地区の斜面林に大木がある。斜面林下の水路沿いに若木が生育している。

■ヤマザクラ（バラ科）赤みを帯びた葉と花が一緒に咲く。ソメイヨシノとは違う野性的な雰囲気がある。東西の斜面林に大木、高木がある。

■クリ・コナラ・クヌギ（ブナ科）里山を代表するドングリのなる樹。東西の斜面林に大木、高木が多く生育している。

西斜面林の開花ヤマザクラ 2010 年 4 月

東側用水路と東斜面林の間のエノキの大木（右）。右手の水田では冬季湛水が行われている。
2011 年 1 月

■ミズキ（ミズキ科）５月に小さな白い花をたくさんつける、落葉高木。

■エノキ（ニレ科）落葉高木。斜面林には大木が多い。秋には黄葉する。野鳥の大好物。

水路など水辺の特徴的な樹種を挙げる。

■ハンノキ（カバノキ科）湿地に特有の樹で、江川地区では斜面林下の小川沿いと小谷津で、林をつくっている。B、D、F、I地区に高木がある。江川地区を代表する樹木の一つといえる。

西斜面林と西側用水路の間のハンノキ林
2009 年 4 月

甦る東西斜面林

江川地区の耕作放棄地となった農地の買い取り、自然農法による米づくりや、魚道の設置、ヨシ原浄化による田んぼのビオトープ化、水田型市民農園の整備・管理など環境に優しい農業の推進による自然と共生する地域づくりに取り組まんと、野田市が中心となって２００６年９月に農業生産法人「株式会社野田自然共生ファーム」が設立された。

東側用水路の井戸場から眺める西斜面林の連なり　2009 年 5 月

その共生ファームの皆様方の２００６年からの長きにわたる精力的な取り組みにより、植物調査チームの報告から約10年を経過した２０２３年の現在、水田はもちろん斜面林についても竹林の整備などが各区で行われている。これもひとえに国土交通省関東地方整備局江戸川河川事務所に事務局を置く「コウノトリの舞う地域づくり連絡協議会（江戸川・利根川・利根運河地域）」（筆者も所属）が存在するお陰である。

江川地区の水田で希少種ミズアオイを確認
2009 年 9 月 27 日新保撮影

主な文献

『江川地区植生調査報告書』利根運河の生態系を守る会植物調査チーム、２０１４年

『生物多様性のだ戦略』野田市、２０１５年

『野田市江川地区の歴史&伝統の魅力7選』新保國弘、東葛自然と文化研究所、２０２１年（野田市依頼の調査報告書）

「コウノトリの舞う地域づくり連絡協議会」第1～13回配布資料、江戸川河川事務所、２０２４年２月まで

（新保國弘）

旧関宿町の木　イチイ

イチイに託した親の希望

平成15年6月に野田市と関宿町が合併し、新野田市が発足。旧関宿町役場庁舎は、図書館や関根名人記念館などが入る「いちいのホール」に生まれ変わった。「いちい」は「旧関宿町の木」として親しまれ、公募によって決められた。

町の木が「いちい」だったので関宿町の方々にありそうなものだが、寒冷地ではないのでなかなか見つからない。見つかったのは県立関宿城博物館の北側の、「ニコニコ水辺公園」と「いちいのホール」豆バス停車駅に植栽されたものだけ。木間ケ瀬小学校講堂横のイチイは建て替え時に伐採されていた。

いちいのホールの「いちい」は毎年剪定をして頭を押さえているので、4mくらいでそれほど高くはない。ホールを訪れたのは、幸いに剪定前だったので葉は濃緑で2列に並ぶ線状の特徴がよく見て取れた。とんがってはいるが柔らかである。

イチイは亜高山帯や亜寒帯に生育する常緑高木であり、全国的に分布はしているが、林を形成することは少なく、まばらに育つことが多いようだ。ケヤキと違って胴回りは50㎝から100㎝と太くはないが高木では15mにもなり、長身である。成長が遅く、年輪が詰まり、30㎝なるまでに100年もかかるそうだ。雌、雄異株であり、秋には鮮やかな赤い実をつけるが有毒。

イチイのホール豆バス停傍

筆者は岐阜県に勤務し、飛騨高山をしばしば訪れた。宮大工たちは山車やからくり人形を作ったが、外に出られない冬の間にはイチイの一刀彫だるまや、盆を作って無聊を慰めた。木肌は日数を重ねるとともにゆっくり変色して焦げてきて、風格を増す。

東宝珠花は将棋の関根名人を世に出した土地なのでひょっとして、将棋の駒材にも使われたのではないかと調べてみたが、日向カヤ(榧)やツゲ(柘植)が駒の高級素材であり、イチイで作られてはいなかった。関宿町ではエ芸品としてではなく、イチイ(一位)の持つ精神性が注目された。

昔は、イチイの木から神職が儀礼の際に手に持つ笏・板片を作ったことから、位階の一位にちなむという。親たちは素性よく素直に伸びるイチイ(一位)の木に、子供たちがそれぞれの好きな分野で一級の人材に成長をしてくれることを願ったようだ。

日枝神社に遊んだ金次郎

いちいのホールには13世名人金次郎記念館が入っていて、歴代名人の色紙や数多くの棋譜を見ることができる。近くの日枝神社に遊んだ茶目っ気のある金次郎少年は早くして頭角を現す。神社横には3本のイチョウ、後ろにはケヤキの大木が、屹立し、後背の江戸川と共に金次郎の成長を見守ってきた。

日枝神社境内

13世名人となった関根金次郎は世襲制や終身名人制を廃し、選手権による実力名人制度を制定するなど、将棋の近代化に貢献している。

関西の坂田三吉との名勝負は有名。帰省のたびに日枝神社に寄進している。対局する姿勢もよく、姿勢も実力のうちだと自称したようである。イチイの葉のように鋭くも柔らかい人柄であったようだ。慶応4年(1868)に生まれ、昭和21年(1946)に77歳で死亡している。

(當麻多才治)

野田市の木　ケヤキ（欅）

関東では親しみがある落葉広葉樹。川間駅前、清水公園入り口前、市役所に近い平成ケヤキロードといずれも市民には馴染みの街路樹である。

県立関宿城博物館登坂のけやき茶屋でも大きな2本のケヤキが存在感をしめす。

三軒屋のケヤキ　晩秋で落葉前

ニレ科、高い木で枝ぶりは整っていて、公園や神社では本来の姿まで成長させるので、樹形もよい。葉は互生で卵型。側脈は鋸刃の先端まで達していて、一枚の葉としてしっかり観察すると鋭さがある。

新緑のケヤキには白い花が咲く

5月には浜離宮恩賜公園、明治神宮などを訪れたが、新緑の葉には白い花がつき、遠目にはケヤキ全体に粉を拭いているよう見えた。葉を落として冬を凌いだケヤキの新緑に花が咲くのは、目を細めさせる。

縁起が良くて安全を守る

野田では、昔から防火や防風目的で屋敷林として使われた。「昭和22年カスリーン台風の際には栗橋で堤防が決壊し、大水が中野台まで押し寄せてきたが、この大水にも関わらず残ったのが、ケヤキが植えられている家々であった。」（野田市民俗調査報告書8第7章口承文芸）「昭和40年ころまでは1月14日に繭玉という行事を行い、のし餅を立方形に切り分け、とってきたケヤキの枝にミカンとともに刺した。」（同）

国体開催を機に市の木に選ばれる

昭和45年千葉県で若潮国体開催が決定、郷土緑化運動の一環として昭和45年10月17日に市の木が選定された。しいのき、いちょう、サクラも候補だったが、幸運と健康を象徴するケヤキを選定。現在のケヤキホールは関宿町との合併前の野田市庁舎。

ケヤキは大木というイメージが強いが、庁舎前では、市制20周年記念のケヤキの盆栽展も開かれた。（「野田市街の記憶」）若いケヤキは育て方によっては枝ぶりを調整し盆栽にもなる柔軟性も秘めている。

（當麻多才治）

第2章　流山市の樹木

野田市
利根運河のオオシマザクラ
東深井/ムクロジの古木
東深井/駒形神社のカヤとシイ
東深井/
理窓会記念自然公園
西深井/浄観寺の
イチョウとヒノキ
東深井/古墳の森
東深井/浄信寺の
ケヤキとイチョウ
平方/
福性寺のイチョウとムクロジ
江戸川台/14号公園の
アカマツやら雑種
平方/
香取神社の保存樹木
小屋/
香取神社の御神木
南/神明神社の御神木
(ケヤキ)
おおたかの森西/
卓球台の「マツダ工業
株式会社」
吉川市
柏市
東武野田線
運河駅
利根運河
深井城跡
東深井地区公園
流山市立森の図書館
東深井小学校
東深井中学校
西深井小学校
江戸川台小学校
流山街道
江戸川台駅
北部中学校
流山北高等学校
新川小学校
東武野田線(東武アーバンパークライン)
流山高等学校
常磐自動車道
初石駅
八木北小学校
常磐松中学校
西初石中学校
西初石小学校
流山郵便局
流山IC
0
10km
N
茨城県
埼玉県
野田
流山
我孫子
柏
松戸
鎌ケ谷
白井市
印西市
東京都
市川市
船橋市
八千代市
流山

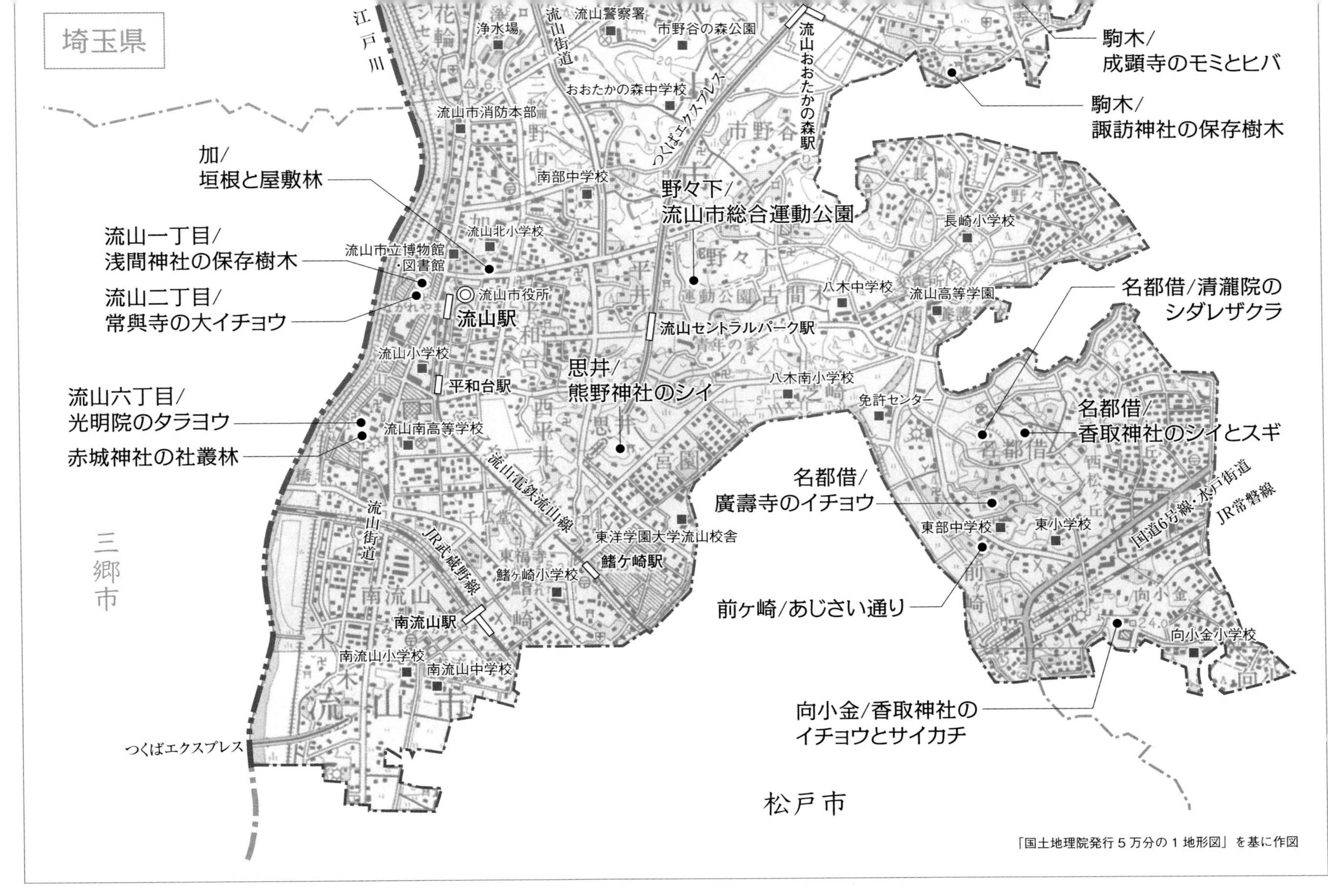

「国土地理院発行５万分の１地形図」を基に作図

利根運河のオオシマザクラ

「利根運河のオオシマザクラをご存じですか」と問えば、「知っています」とすぐ返ってくるほど地元民にはよく知られた樹齢100年超と伝わるオオシマザクラの巨木2本が、流山市の観光施設「眺望の丘」のちょうど対岸に立つ。

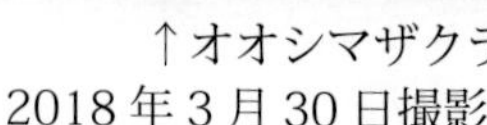
↑オオシマザクラの巨木２本
2018 年３月 30 日撮影

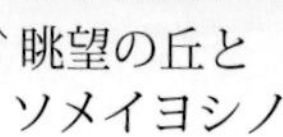
↑眺望の丘と
ソメイヨシノ

最寄り駅は東武野田線の運河駅で、東口に出てふれあい橋を渡り右岸堤防を利根川口に向かってしばらく歩くと、石の階段（階段を上がると東亀山いにしえ公園）脇の運河開削時の盛土跡と勝手に想像している急斜面の登頂に２本のオオシマザクラが枝を広げている。

流山市側から望むオオシマザクラの巨木２本
↑左手は開花前　↑右手は開花中
2007 年４月５日撮影

この2本のオオシマザクラは、筆者の観察では、向かって右手のオオシマザクラはソメイヨシノの開花とほぼ同じころに咲き、左手のオオシマザクラは、枯れたのかと早合点するほど、遅れて開花するように見受けられる。

一人ではとても測れない場所と太さなので植物調査仲間に協力をいただき、この２本のオオシマザクラの幹回りと樹高を測定した。

右手のオオシマザクラは、幹元が5股に分かれて株立ちしており、根周囲は5・3ｍあった。そして右隣りに1本のオオシマザクラの独立幹を確認した。

右手のオオシマザクラは太い幹が５股に分かれて株立ちし、根周囲は 5.3m。
2008 年４月５日撮影

左手のオオシマザクラは、広がり気味の太い幹が5股に分かれて株立ちし加えて細い幹が6本あり、根周囲は7ｍあった。左隣りに1本のオオシマザクラの独立幹を確認した。

両オオシマザクラとも、枝は急斜面に沿って伸びているため、右手のオオシマザクラの樹高を測定すると10ｍあった。

このオオシマザクラの生態について植物調査仲間から教わったことを２つ記しておく。

急斜面登頂から利根運河に向かい開花中の
右手のオオシマザクラの枝先。樹高 10m。
2008 年 4 月 5 日撮影

左手のオオシマザクラは太い幹が 5 股に分
かれて株立ちし加えて細い幹が 6 本あり。
根周囲は 7.0m。　2008 年 4 月 5 日撮影

⑴　オオシマザクラは実をたくさん付ける。その実が風で飛んで行った先で新しいオオシマザクラが生まれてくることができる。
一方、ソメイヨシノは花を観賞するだけのサクラ故、オオシマザクラのような実はできない。

⑵　急斜面登頂のオオシマザクラの巨木２本が運河本川に向かう延長線上に、樹高５mほどに育ったオオシマザクラを２本確認できる。
河川構造でいえば、利根運河の川表堤防法面下の高水敷でヒメシダ群生の先である。

高水敷ヒメシダ群生先にオオシマザクラ
2023 年 7 月 19 日撮影

（新保國弘）

調査協力
柳沢朝江氏（利根運河の生態系を守る会）

オオシマザクラの花
2008 年 4 月 5 日撮影

オオシマザクラの若葉 右表・左裏
2023年7月19日撮影

東深井旧家のムクロジの古木

樹齢１００年を超えると伝わるムクロジの古木が東深井の旧家の庭に立つ。ムクロジは塀の際にあるので、公道から仰ぎ見ることができる。

最寄り駅は東武野田線運河駅東口の階段を降りて、ふれあい橋を渡り、右岸堤防上の道を利根川口に向かって歩くと、やがてケアハウス春の苑が見えてくる。苑の前の道を入ってすぐの右手が目指すムクロジの坂巻幸雄家である（お名前を出すことの了解を坂巻氏から得ている）。

樹齢１００年超のムクロジの古木（中央）
東深井３号線から２０２２年10月撮影

２０２２年10月、坂巻家を訪問して、落葉高木ムクロジのいわれをお聞きしながら、幹回りと樹高を測らせていただいた。幹回りは２m10㎝、樹高は約16ｍ（もう少し高いかもしれない）で、幹はほぼ直立。坂巻氏によれば、このムクロジは樹齢１００年を超えるとのお話。

ムクロジの樹皮

坂巻家に面している公道は、東深井区画３号線で、昔は幅員２ｍくらいしかなかったが、運河沿いのケアハウス春の苑まで大型消防車が通れるようにと拡幅が計画され、道路対面の山側を削って道を約２倍に広げている。当時、台風などで雨風が強い時に、上部の枯れた小枝が落ちて道行く人や車に事故があってはいけないと、ムクロジの伐採を考えたが、幸いそのようなトラブルもなく伐採せずに現在に至っているとのこと。

このムクロジの道は、東京理科大学の理窓会記念自然公園の自然観察会の行き帰りに良く通る道なので、そのついでに寄れる便利性も売りである。

ムクロジの葉と実　2023年4月20日撮影

地中から出てきたムクロジの若芽
２０２３年３月30日撮影

（新保國弘）

東深井駒形神社のカヤとシイ

駒形神社（流山市東深井3－3）は、東武アーバンパークライン運河駅から徒歩4分ほどの流山街道沿いに位置する。

境内右側に保存樹木31号のカヤがあり、昭和51年11月の指定で、紙垂（しで）のついたしめ縄がはってある。樹高は約15m、幹回り2・6mあった。

宮司さんの話では芯止めしてあるそうだ。老木になると樹皮は縦に薄く剥がれるそうで、木肌はかなり荒れており、年代不詳ではあるが、かなりの老木と思われる。

しめ縄のあるカヤ31号

カヤは雌雄異株で、将棋盤や碁盤に最高のものとして珍重される。その実は食用油になり、加工すれば胚乳は食べられる。ここの木の雌雄は不明で、何度訪ねても花も実も目にすることができなかった。葉は独特の臭気があり、昔は蚊遣りに用いられたことから、カヤの語源とも言われる。

本殿右側通路の最奥に昭和51年11月に指定された保存樹木32号のシイの木がひっそりと佇んでいる。カヤと同様しめ縄がはられていた。樹高は約15mで、これも芯止めしてあるとのこと。幹回りは3・4mあった。

シイの木というと大体はスダジイを指すということだ。スダジイは雌雄同株で雌雄異花。

シイの木32号

常緑広葉樹で、花は晩春に咲くが目立たない。境内は手入れが行き届いていて、いつ行っても、どの木にも、実を見つけられなかった。

鳥居の左手に椋の木が青々と茂っている。聞けば何やら由緒あるものらしい。ムクの大木の写真が残っていて、現在あるムクはそのひこばえで2代目なのだそうだ。

宮司さんに昔のムクの木の記念写真を見せていただいた。

昭和30年鳥居右がムク

初代ムクの切り株

総代さんが切り株全体を持っているとの事。

江戸時代、この地に幕府の牧があり、馬を管理した場所だったためなのか、境内には馬の像やモチーフが彫られた造形物がある。

（石川恵美子）

浄信寺のケヤキとイチョウ

浄信寺は東武アーバンパークライン運河駅西口から江戸川台方向へ徒歩14分ほどの日光東往還道沿いにある。広くて大きな境内に樹木が生い茂っている。山門をくぐると、左側の塀に沿って丈高くケヤキが聳えている。

流山市保存樹木指定第１４５号（昭和54年6月）。高さは目測25ｍ強、幹回りは3・5ｍほどあった。

ご住職に樹齢を尋ねたところ、2軒隣の家の入口に同じころに植えたケヤキの切り株がある、とのこと。年輪を確かめてみようと、早速伺って数えてみた。風雨にさらされ、ぼやけかかっていたが、１１０以上はあった。幹の直径も１２０㎝ほどある。

塀際のケヤキ

木肌は荒れている

切り株の一本
他の片方は更に大きかった

境内左奥に巨大なイチョウが聳えている。これが保存指定第5号（昭和49年8月）高さ20ｍ以上で、幹回りは実測4・2ｍあった。危ないので上は切ってあるとの事。

4月初旬のイチョウ

指定5号は雄株ではないかと思う。9月に再訪したとき、10ｍほど離れた指定外のイチョウの下に既にギンナンが落ちていた。そちらは雌株？と思われる。

そのほかにも境内に数本の高木のエノキの木があり、これは成長が早い、とのこと。高さ約25ｍ、幹回り約2・8ｍもあるエノキの木が枝葉をいっぱいに広げていたのは壮観だった。

ケヤキに似ているエノキ

エノキはケヤキによく似ている。調べたらニレ科の落葉高木で同じ仲間。巨木や長寿の木はご神木に近いようだ。

若葉の季節には境内の緑が殊のほか美しい。ここで青木更吉氏が利根運河の支配人だった森田繁雄氏のこと（森田家の墓がある）、東深井の歴史なども5回ほど講演されたとご住職から説明があった。

また、万葉集の和歌「葛飾早稲」と深井城とこの寺との関係に触れた石碑や石造物もみられ、興味は尽きない。

道路の真向かいにある慈眼院には、保存樹木の椿があるとのことで、確認したが見当たらず、それらしき古く大きな切り株が残っていた。

（石川恵美子）

平方福性寺のイチョウとムクロジ

福性寺（流山市平方169）は東武アーバンパークライン江戸川台駅西口から徒歩18分の場所にある。流山街道を横切り、畑や住宅地を通り抜けると右手に大きな鐘楼がある。

山門に入ると右に大木のイチョウが見える。流山市保存樹木22号、昭和51年の指定。千葉の樹木200選にも選定されている。

ご住職の話によれば、樹齢は400～500年とのこと。高さ約25m、幹回り5m強。昭和初期、左側に落雷があり、裂けたことがあるそうだ。

4月初めのころ

9月に行ってみると、枝先には銀杏の実がたわわについていた。イチョウは雌雄異株なので、雌株ということ。近くにある香取神社のイチョウ（330号と331号）が雄株なのだろうと見当をつけた。

イチョウは葉が厚く、幹も水分が多いため、防火目的で神社仏閣に植えられることが多いと先日、テレビ番組が報じていた。

左側にあるのはこれも見事なムクロジが聳えている。保存樹木324号、平成3年3月指定。ご住職の説明では、上部に3本の大枝があったそうだが、3年前の台風で真ん中の1本が折れてしまったそうだ。高さはおよそ25m、幹回り3・6mほどある。

5月のムクロジ

9月8日に訪れたところ、たくさん実をつけていて、落下し始めていた。

ムクロジの実の皮はムクロジサポニンを含み、泡が出るので昔は洗剤として利用され、実は正月の羽根つきの球として利用される。

すずなりのムクロジ

左ムクロジ　右イチョウ

（石川恵美子）

平方香取神社の保存樹木

東武アーバンパークライン江戸川台駅西口から徒歩19分の大字平方の香取神社（流山市平方１６６）には市指定保存樹木が４本あると聞き、現地を訪ねた。４本とも残念なことに幹上部が伐採で芯止めされていた。芯止めの理由は聞いてないが、本神社の環境では樹木の維持管理が大変だからと想像される。

次に示す幹回りは筆者の実測、樹高は目測である。

イチョウ（３３０号）
　幹回り２２０cm　樹高10m
イチョウ（３３１号）
　幹回り１９０cm　樹高10m
ケヤキ（３０２号）
　幹回り２９０cm　樹高15m
スダジイ（３３３号）
　幹回り２４０cm　樹高15m

イチョウ２本は鳥居の左右に、ケヤキ１本は参道の左手に、スダジイ１本は社殿の裏手にあった。スダジイを期待していたが、社殿や周囲の樹木に抑え込まれるように立っているためか、樹に勢いが感じられなかった。

イチョウ　３３０号

ケヤキ　３０２号

スダジイ　３３３号

平方香取神社では保存樹木はさておき、参道の右手に８基並んでいる庚申塔は氏子さんに大切にされているように見受けられた。

向かって左手奥から順に造立年を記すと次のとおりである。

１　寛文６年（１６６６）
２　享和３年（１８０３）
３　文政10年（１８２７）
４　元禄10年（１６９７）
５　天保14年（１８４３）
６　文化12年（１８１５）
７　享保５年（１７２０）
８　享保17年（１７３２）

参道右手に８基の庚申塔が並ぶ

（新保國弘）

西深井浄観寺のイチョウとヒノキ

浄観寺（流山市西深井353）は、東武アーバンパークライン運河駅西口から新川耕地斜面林上際の江陽台病院方面に徒歩16分の場所にある。

浄観寺の山門を入ってすぐの左手奥に流山市指定保存樹木9号と書かれたイチョウ1本がある。幹回りを測ると350㎝、樹高は目測で20ｍ。

保存樹木9号のイチョウ

イチョウの左手山門寄りにヒノキ1本があり、幹回りは270㎝、樹高はイチョウと同じ20ｍほど。このヒノキには保存樹木標識は付いていない。

ヒノキとイチョウ（右奥）

ヒノキの樹皮

記録では浄観寺に保存樹木指定のヒバがあったとされるが、今回の取材で当該ヒバは見つけられなかった。境内の維持管理をされている方にお聞きすると、ヒノキの隣の山門寄りにもう一本樹があったが、雷が落ちて倒れ、今のヒノキ1本だけになったという。2012年4月7日に境内から山門に向かって撮った筆者の下の写真にはヒノキ1本だけしか写ってないことから、雷事故はもっと前の出来事なのだろう。雷が落ちて倒れた樹はヒノキだったのか、あるいは保存樹木のヒバだったのかは不明である。

桜満開の境内から山門に向かって
2012年4月7日撮影

記録ではシラカシ1本も保存樹木であったようである。しかし、山門を入って右手鐘楼奥のシラカシが、これに該当するシラカシかどうかは定かではない。

鐘楼奥のシラカシ

（新保國弘）

アカマツやら雑種が元気な江戸川台14号公園

アカマツとクロマツの識別は樹皮の色だけで出来ると思っていた。ところが苗木会社にお聞きすると、それは樹齢50～100年の老木の話で、苗木や樹齢10年から20年の若木の場合は、葉に触れることが必須。柔らかい葉がアカマツで、触ると痛いのがクロマツであると。しかして、題をクロマツを含め、「アカマツやら」とした次第である。

今や、マツ枯れでやられ放題のアカマツと聞くが、拙宅近くの街区公園「江戸川台14号公園」に元気なアカマツやら雑種（アイグロマツ　文献1）が林立しているようなので、本公園の地形環境調査を試行した。

江戸川台14号公園（流山市江戸川台東4―415）は、東武アーバンパークライン江戸川台駅東口から北東に向かい800mほどの台地と低地が接する緩斜面地にあって、東西に弓状の形で広がっている。現地を国土地理院の昭和3年地形図に合わせると、かつて利根川に注いでいた東深井谷津（筆者命名）の南端に当たり、公園東端は東深井村の旧家のお年寄りが子どもの頃に「おんまわし」、「水飲ん場」と、西端は「オランダの入っ子」と親から教わったところである（図1）。

江戸川台14号公園のアカマツやら雑種
幹回り170㎝、樹高20m　23年4月

図1　国土地理院の昭和3年地形図に江戸川台14号公園などの位置を新保加筆

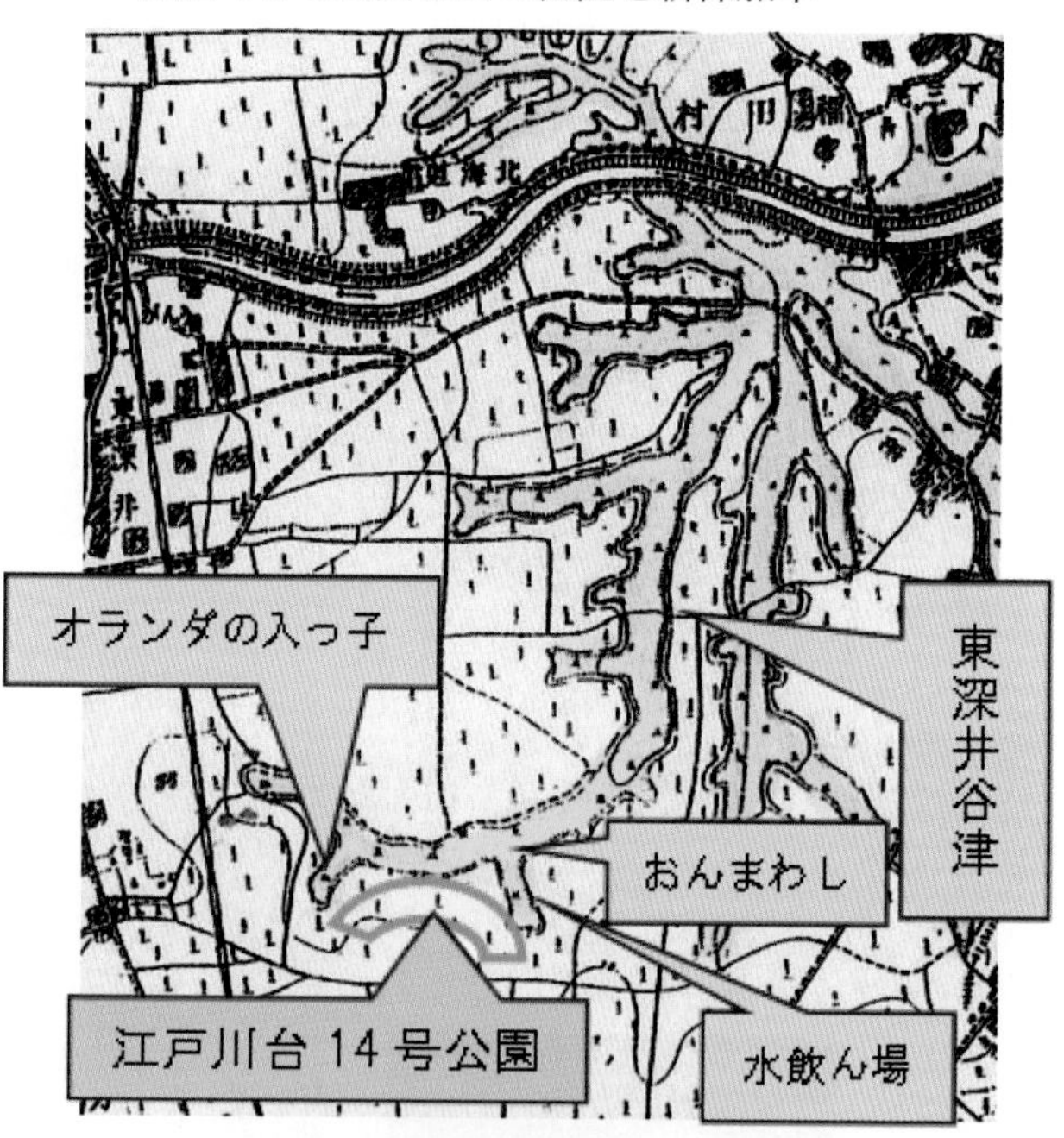

14号公園のアカマツやら雑種総数は約100本、幹回りは太いものでは170㎝あった。樹高は高いものではおよそ20m。当公園のアカマツやら雑種が、なぜマツ枯れにならないかであるが、緩斜面のために日当たりや水はけがよい、木々の間隔が適度に保たれ風通しが良い、下草刈りなどの維持管理が良い、加えて雑種の存在や抵抗性アカマツの可能性などがあるかもしれない。

8月8日、公園の刈られた草地に50羽を超えるムクドリがエサを採っていた。

文献1『千葉県の自然誌、別編4、千葉県植物誌』千葉県、2003年

（新保國弘）

アカマツやら雑種が緩斜面地に適度の間隔で生育

南神明神社の御神木（ケヤキ）

流山市南190番地の神明神社の鳥居の近くに市が設置した説明板には「神明神社　創建は不詳。江戸時代の石造物がある南の神社。祭神は天照皇大神（あまてらすおおみかみ）ら3神。境内には、青面金剛像（しょうめんこんごうぞう）が刻まれた庚申塔（こうしんとう）などの石造物やケヤキなどの保存樹木がある。」と記されている

ここのご神木のけやきは1998年（平成10）台風5号の暴風によって倒壊し、現在その切り株に接して御神木碑が立てられている。

左の写真の石碑の手前、しめ縄が張られているのが朽ちてきた御神木の切り株

御神木碑には「此の御境内に大空高く聳え立ちたる欅の大木は、その昔江戸川を往来する船頭さんの目標にされたとも言われ、古くから今に至るまで神明社の御神木として御氏子崇敬者に崇め祀られてまいりました。

左の写真は石碑の裏

この御神木の樹齢は不詳なるも江戸時代寛文8年（1688）当社が祀られている事から330年から400年と推測される。

1976年（昭和51）11月1日に流山市の保存樹木に指定されるも、1998年（平成10）9月16日の台風の被害を受け同年10月18日に余儀なく伐採に至りました。

碑を建て後世に伝える。

高さ3・8m
幹廻り4・95m
最大切口直径2・20m
平成10年12月吉日」と記されている。

左は、ご神木の台風被害の様子（博物館蔵）

気象庁のHPによると、1998年の台風第5号は、9月14日に父島の南海上で発生し、発達しながら北上して、16日4時半頃静岡県御前崎付近に上陸した。台風は、関東地方から東北地方を縦断したのち、16日20時過ぎ北海道釧路市付近に再上陸し、21時に北海道東部で温帯低気圧に変わった。

この台風による期間降水量は、東海から関東地方の山沿いを中心に300～400㎜となった。銚子（千葉県銚子市）で最大瞬間風速45・7m／秒を観測した。

台風5号の進路は左の図の通り、流山市のほぼ真上を通過している。

災害概要は、死者7名、負傷者47名
住家全壊4棟、半壊17棟　床上浸水1、296棟、床下浸水5，044棟などと成っている。

（中村　智）

成顕寺のモミとヒバ

成顕寺は東武アーバンパークライン豊四季駅から徒歩10分ほどにあり、江戸川大学のすぐ隣にある。

リストにある保存樹木指定3号(昭和49年)のモミは、平成の初め頃に落雷で焼失したとのこと。高さが35mあったそうだ。2m強の根元が残っているので測ってみた。幹回り3・1mあった。

落雷で残った根元

傍の参詣道左右にも1本ずつあり、境内左側の1本が指定323号（平成4年3月）で、高さは約28m強、幹回り3mである。右側のモミは落雷の傷跡が木肌に残り、そのせいか少し細くなっている。

左が323号のモミ

保存樹木指定46号（昭和51年）のヒバの樹齢について伺ったところ、5百年にはなるだろう、とのご住職の説明があった。高さは約18m、幹回りはおよそ3mある。樹皮はあちこち縦に裂け、木肌の荒れは相当の年月を経た証なのか。

樹齢500年？のヒバ

ヒバ／別名アスナロ

7月に訪れた時、境内のあちこちに、ピンク、白、黄色の蓮の花が置かれて美しく咲いていた。

奥の木がヒバ

指定外のクスノキ

この木は流山市保存樹木指定にはなっていないもよう。だが、人形供養碑のすぐそばに堂々とした姿で聳えている。高さは目測でほぼ30m、幹回りは4m10㎝あった。

見上げる高さの楠木

クスノキの葉はいつも光沢あるライトグリーンの葉を茂らせている。嵐の後に落ちた葉は芳香があった。長寿の木で防虫にも使われ、昔から仏像の材料にも用いられた。ご神木として神社仏閣に植えられることが多いそうだ。

（石川恵美子）

近代教育の始まりを見守ってきた常與(与)寺の大イチョウ

流山本町の通り沿いにある常與（与）寺の参道を行くと右手に樹齢500年と伝わる大イチョウが聳えている。昭和49年に流山市の保存木に指定された大イチョウである。

常與寺は鎌倉末期、日念上人が流山馬場の地に庵を結び、日蓮宗の梅本坊として開基した。その後、時代を経て、寛永14年（1637）、流山の六軒百姓の一人、須藤常蓮から土地の寄進を受け、ここ根郷の地に本堂を建立した。

常與寺がここを寺域としてから386年、それ以前からここにはこの大イチョウが聳え立っていた。境内にあって建物や墓域、境内が整って行く様を見ていたのだろうか。寺号梅本山常與寺は、再建の功労者須藤常蓮と妻妙與の一文字ずつをとって名付けられたという。

復活した大イチョウ
（常與寺HPより引用）

常與寺の本堂と大イチョウ（右手前の木）

大イチョウの参道を挟んだ左手には「千葉師範学校発祥之地」と書かれた大きな石碑が建っている。明治5年、明治政府は新しい学制を発布した。当時、流山は印旛県の県庁所在地であった。県庁に近い常與寺に、教員養成の目的の印旛官員共立学舎が創設された。ここで学んだ卒業生は県内各地の小学校に赴任し、新しい教育に尽力した。この時流山学校が併設され、近隣の児童100人が入学したという。

翌年、印旛県と木更津県が合併して千葉県が誕生、共立学舎は千葉師範学校と改称、県庁となった千葉町へ移っていった。共立学舎が去った後も流山学校は、明治22年、現在地に移るまで流山小学校としてここ常與寺に存在した。大イチョウは通学する小学生を見守り続けた。

令和元年9月9日、千葉県を襲った台風15号により、大イチョウは3分の1ほど幹が折れてしまった。傷んだ枝を切り落とすと、見るも無残な姿になってしまった。

しかし、大いちょうの生命力には目を見張る。翌年春、見事に芽吹いたのである。

そして今、全体の姿は以前よりはスリムになったが、幹回りは変わらず5メートル以上の威風堂々と、参詣の人々を見守り続けている。

（石垣幸子）

千葉師範学校発祥之地の碑

光明院のタラヨウ（多羅葉）

学名はIlex latifolia

右の「流山」と書かれた葉が光明院のタラヨウの葉である。光明院のタラヨウは、流山市指定天然記念物第３号である。

光明院は、光明院流山市流山６丁目６５１番地に所在する。院内の標識によると「創建は不詳。赤城神社の別当祈願所であった。真言宗（しんごんしゅう）の寺院。山号は赤城山(あかぎさん)。本尊は不動尊(ふどうそん)、秋元双樹、大日如来像の庚申塔（こうしんとう）などがある。」と記されている。

右はタラヨウの全景

タラヨウの幹の説明書きには「多羅葉（たらよう）（モチノキ科の常緑高木）」通称はがきの木。たらようと言う名は、インドで葉面に経文を書きしるした貝多羅樹（ばいたら）（ヤシ科）にその葉を比して名づけられたもの（ちなみに世界最古の貝多羅樹般若心経写本（8世紀後半）が法隆寺に伝えられている）。葉の裏に爪やマッチの軸等で字や絵を描くことができ、長く残る。

〝葉書〟の語源の説もある。花は5月上旬ごろ、緑黄色で1年おき、西暦奇数年に木全体に咲く。尚、中国の李白の詩や、「南総里見八犬伝」等の中に葉の手紙が出てくる。ご自由に手の届く葉に字をお書きください。(30秒くらいで字がはっきりでます)」と記されている。

右は、西暦偶数年の２０２２年12月５日撮影の光明院タラヨウの花。満開となるのは２０２３年５月頃か。

左は地面に落ちていたタラヨウの花びら。

東京駅前の東京中央郵便局内にもタラヨウの木が有ると聞き、行って見た。

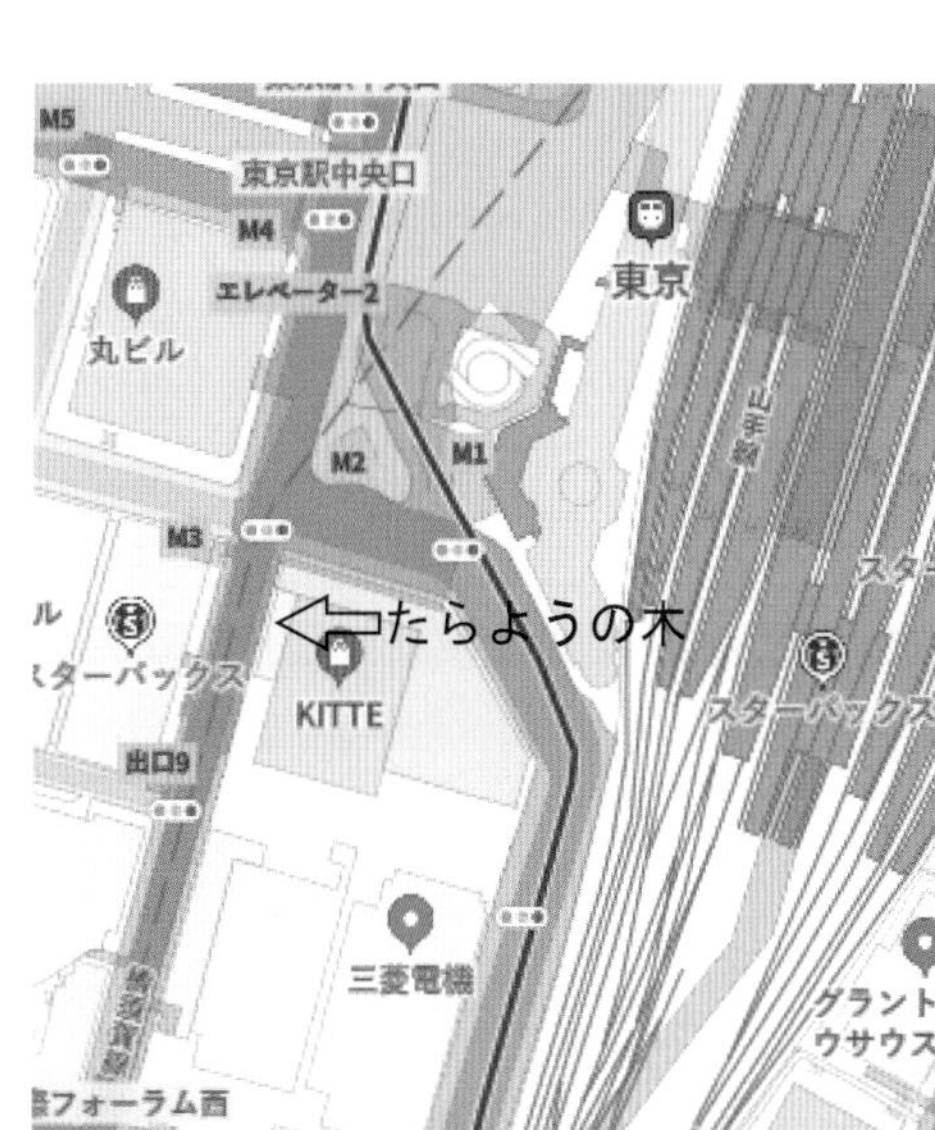

受付で聞いてビルの西側入り口近くに有ると言われ、正面玄関から出て左に曲がった所にタラヨウの木が有った。左はその説明書きである。「タラヨウは郵便局のシンボルツリーです。

葉の裏に先の尖ったもので字を書くとその跡が黒く残るので、古代インドで手紙や文書を書くのに用いた多羅樹の葉になぞらえてその名がつけられました。一説に「はがきの木」とも言われています。（平成24年５月植樹）」と書かれている。

約11年目の若い樹木である。

皆さんも東京駅前のタラヨウを見に行ってみてください。そして、流山光明院のタラヨウの葉には、何か書いてみてください。

（中村　智）

浅間神社の保存樹木
イヌマキ、カヤ、エノキ

杜の街とされる流山市には、森や神社仏閣、緑地公園が数多ある。空気が澄みきった晴れた朝は、江戸川の土手より富士山がくっきりと見える。流鉄流山線の流山駅から江戸川流域に向かって真っ直ぐ歩み、街道を右に曲がると、右手に浅間神社がある。

御祭神は木花開耶姫命（このはなさくやひめのみこと）である。創建は正保元年（１６４４）、江戸時代の初期と言われる。古事記によると、姫命は結婚して火中に３人の子、海彦、山彦、天津日高日子穂穂手見命（あまつひだかひこほほでみのみこと）を産む。これにより安産、子育て、縁結び、家内安全、火伏（ひぶせ）などのご利益があるとされる。境内の面積は８５１・４㎡の小規模の神社である。樹木も少ない。参道を挟み、入口の左に目通り（幹周り）１m45㎝のチャボヒバがある。右側は、目通り１mにも満たない。その横に目通り１・17m、高さ１・７mの木株がある。

境内の社殿の前庭には、市の保存樹木のイヌマキ、カヤ、エノキの奥に目通り１・14mのソメイヨシノとエノキがある。稲荷神社の前にはイロハモミジ、冨士塚とその周りにムクノキ、イヌマキ、エノキ小木のイヌツゲ、カヤ、ヒイラギ、ツバキ、サツキ、ツツジ、そして切り株が３本ある。

天満宮近くに梅の木とチャボヒバ、95㎝の高さに１・21mの切り株に小さな万両が芽生えている。

慶応４年（１８６８）に新政府軍が神社裏手に錦の御旗を立て、新選組を包囲したとされる。そこには現在、立派な冨士塚が建てられている。

市の有形文化財に指定されている冨士塚は、根郷の鎮守様として、明治23年（１８９０）代に築かれたとされる。冨士山の溶岩で岩山を造り、８mの高さがある。幕末から明治にかけて浅間神社のある根郷地域は、江戸川水運ルートの要衝の地で最も栄えた。舟運による物資の集散地、なかでも醸造業の街として発展した。

冨士山が見える場所の頂上に冨士浅間大神が祀られている。お祭りは７月１日の冨士山、山開き日が祭典の日と決まっていたが、現在は７月最初の日曜日に行われる。

以下、流山市の保護樹木について、次頁より順次言及していく。

浅間神社

保存樹木　①イヌマキ

常緑樹の高木

　浅間神社の社殿の左右にある樹木、イヌマキとカヤ、そして奥域にあるエノキ、これら3種は1977年（昭和52）9月1日に市の保存樹木に指定された。先ずはイヌマキにつき、述べる。

　イヌマキは一般的な樹種で、マキ科常緑樹の高木である。1989年（平成元）の「流山市史」植物編によると、目通り（幹周り）が1・65mであったが、現在の幹は2・14m、高さが12mとずいぶん大きく成長している。

　針葉樹だが、葉はマツのように針状でなく、厚みのある細長い線状で先端は尖ってるが触れても痛くない。単にマキという場合もある。幹は直立し、枝はやや太く広がる。手を掛ければ好きな形になる。古くから垣根や庭園に利用されてきた。江戸時代からこのあたり、人口が密集している地域で自然の森や、神社や寺に大木の樹木が残っていることが尊い。杜の緑にこころが癒される。

　イヌマキの雌雄別株（しゆうべつかぶ）樹皮（じゅひ）は灰褐色で縦に裂けてはげる。葉は互生（ごせい）する。

マキ材の用途は広い

マキの木材は耐久性・耐虫性に優れ建築材や器具用、特に桶類に適する。耐寒、耐暑性が強く、乾燥地でも十分生育する。潮風にも強く暴風垣にされ、庭木として栽培されることも多い。移植は梅雨、秋、冬に行う。木材はやや堅く、樹脂が多いために耐水性に富み、土木用に用いられる。碁盤、漁網の浮きなどにも使われる。庭園にはイヌマキの園芸品種の羅漢（らかん）槙が多い。刈り込みに耐え、耐陰性、潮風にも強い。

　薬理作用その効果については不明だが、民間的に胃がんに用いられると、「牧野富太郎和漢薬草大図鑑」にある。

　マキの由来はいろいろあるが、槙は万葉集の時代は真っ直ぐ伸びるスギのことを真木と言っていた。立派な木の意味である。

　紀州のコウヤマキ（高野槙）に対して、方言名がそのまま用いられてイヌマキとなったと平凡社の大百科事典にある。コウヤマキはスギ科である。万葉の時代に樹木は人のこころを知る能力があるとされた。

　真木の葉のしなふ青の山しのはずて
　吾が越えゆけば木の葉知りけむ
　　　　　　　　　（万葉集291）

保存樹木　②カヤ

高木の貴重な樹種

カヤはイチイ科の常緑針葉樹で高さが25ｍにもなる。高木は神霊が宿ると言われ、しばしば寺社の境内で見るとのこと。小枝は対生する。

流山市の保存樹木（２０５号）として、浅間神社のカヤは幹周り１・84ｍ、高さが７ｍある。幹は縦に割れているが、貴重な木であることには変わりはない。今後も大切に長く保全されたい。

本樹は庭木としても植樹される。葉は線形で、長さ２㎝ほど先は尖っていて触ると痛い。雌雄異株で４，５月に開花する。雌花は新枝の葉のこのうち１個が翌年の秋、石果様に熟し、７月には可愛らしい実が幾つか実っていた。紫赤色の仮種皮を割って種を出す。

カヤの活用

木材は黄白色で加工性、保存性が高く湿度にも耐え、建築、器具、船材、土木用、風呂桶の材料に用いる。高級な碁盤製作にも使われる。

種子は良質の食用油や整髪油が採れる。食用、薬用にもなる。大きく育つものでは、幹の太さが３ｍにもなる。昔はこの樹の枝を燻して蚊を追い払ったことから、カヤの名がついたとも言われる。葉は硬くて表面は光沢がある。樹木は青灰色で、老木になるとはがれる。実は楕円形で10月に紫褐色に熟すとされる。

先述した「牧野薬草大図鑑」によれば、薬用部分は外種皮を除いた種で、薬効は駆虫剤として用いられが、効果がないという説もあり、小児の夜尿症治療薬に用いられるという。

大木のカヤの近くに椿の樹木がある。椿は国字である。

川の上のつらつらつばきつらつらに
見れどあかず巨勢の春野は
（万葉集の56）

またカヤの近くの稲荷神社の前に目通り97のイロハモミジがある。

モミジは紅葉するという意味の「もみず」から来ていて、秋に紅葉する植物の代表であるカエデ属を示すようになった。雌雄同株で京都の名所、高尾に因んでタカオモミジとも呼ばれる。子どもの頃、このモミジの木に登ったことがあるという総代さんに出会った。その頃から、このモミジは大きかったという。

黄葉するときになるらし月人の
楓の枝の色つくみれば
（万葉集　２２０２）

カヤ

保存樹木　③エノキ
道標の目印にした

エノキは大きく育つので、昔は村や街の境に植えられたという。一里塚などに使われ道標とされた。道祖神の神木となっている場合もあるが、現在は神社や公園に多く見られる。浅間神社のエノキは1977年（昭和52）3月1日に保存樹木（104号）とされた。目通りは2・5m、高さ5mほどである。かつては15mあったが環境を配慮して、上部の枝や木は伐採したようだ。

エノキ

長寿のエノキに洞があるが、氏子のみなさんが大切にしておられる。落葉の大高木で、枝を張る。

葉は4㎝から10㎝で、緑の上半分がぎざぎざになっている。かつては花が咲き実もなったようだが、今年は咲かなかった。本来なら、4月、5月ごろ葉の付け根に淡黄色の花を開き、十月ごろに球形の小核果を結び熟せば紅褐色になる。実は甘いという。

浅間神社は、民家が近く、大震災や台風による人家への被害がないように配慮して、エノキの幹や枝をかなり伐採したと総代さんにお聞きした。エノキは元旦に黄金のカラスがくるといわれる土地もある。

「牧野和漢薬草大圖鑑」によればエノキは民間療法で樹皮は食欲不振胸痛、腰痛、中風に用いる。葉はじん麻疹、うるしかぶれに用いる。のどに骨がささったときに小実を口に含んでいると取れる、とある。

薬理作用については未詳。樹皮は灰色でざらざらとした感触がある。葉は互生（ごせい）し少し歪んだ卵形で長さ5〜10㎝。基部から3本の主脈を出し　縁の上部に小鋸歯があって両面ともざらつく。木材は灰黄褐色で、比較的硬く、建築器具、機械材などに使われる。ニレ科の落葉高木。雌雄同株、果実は甘く、若葉は飯とともに炊いて食用にすることがあるという。

万葉集に一首ある　（3872）

我が門の榎の実もりはむ百千鳥千鳥は来れど君ぞ来まさぬ

（森　弘子）

8mの富士塚

ガイド

流山市一丁目

流鉄流山駅から徒歩5分

清瀧院　シダレザクラ（枝垂れ桜）

――三百年の時を超えて咲く桜――

「桜の樹の下には屍体が埋まっている！これは信じていいことなんだよ。何故って、桜の花があんなにも見事に咲くなんて信じられないことじゃないか」

梶井基次郎「桜の樹の下には」

清瀧院について

（位置　北緯35度50分54秒　東経１３９度56分14秒）

創建は、中世文書によると、１４５０年代と推測される。戦国時代、53か寺を有した真言宗の寺院で、奈良県桜井市の長谷寺を本山とする。江戸時代には、清瀧院のある名都借は小金牧となり、その野馬奉行の墓石も清瀧院にはある。また、流山七福神の一つ「寿老人」が祀られている。名都借は下総台地の高地であり、この地に本格的な寺院が建立されたのは、清瀧院が初めてであった。

清瀧院は、近年霊園が整備された。春の彼岸頃には、お墓参りをする人々と地元の人々が、枝垂れ桜（エドヒガン）の花見を楽しんでいる。

桜

奈良時代までの梅に続き、平安時代から日本人が花と呼ぶのは、サクラである。桜の歌人・西行は、『願わくは花の下にて春死なむそのきさらぎの望月の頃』とし、江戸時代の国学者・本居宣長は、『敷島の大和心を人問はば朝日に匂ふ山桜花』と詠んだ。桜の花の散り際の潔さが、日本人の精神風土に大きな影響を与えたのである。今も春の桜の花見は、待ち遠しく、美しく楽しい慣わしである。

江戸彼岸

サクラはバラ科サクラ属の被子植物である。エドヒガンはサクラの野生種の一つで、本州、四国、九州の山地に自生する。開花は早く、春の彼岸頃に咲くことから、この名がついた。大木となり、小形の一重咲きの花が咲く。花びらは５枚。枝が垂れ下がる特徴的な樹形のためか、古くから神社や寺の境内に植えられてきた。清瀧院のエドヒガンは、高さ10ｍ、径１・５ｍになる。伝承によると、樹齢３００年とも、４００年とも伝えられる。

流山市指定樹木

流山市の自然保護政策として、条例で清瀧院シダレザクラは保存樹木に指定されている。昭和51年11月のことである。流山市の保存樹木は、令和４年度末までに、樹形の優れた１０３件が指定されている。

夢幻の美しさ

梶井基次郎は、言う。

「一体どんな樹の花でも、いわゆる真っ盛りという状態に達すると、あたりの空気のなかへ一種神秘な雰囲気を撒き散らすものだ。それは人の心を撲たずにはおかない、不思議な、生き生きとした、美しさだ」

清瀧院・シダレザクラは、花見の時期の夜間にはライトアップされる。春宵の闇に浮かび上がる姿は幻想的である。夢幻の美しさで、今年も清瀧院枝垂れ桜は咲き誇るのである。

（竹村夏彦）

〈ガイド〉
ＪＲ南柏駅から　おおたかの森行きグリーンバス「名都借交差点」下車　徒歩４分

名都借香取神社
シイ（椎）・スギ（杉）
―木々の精霊と地元の人々と―

香取神社について

下総台地の名都借高地の先端に、名都借香取神社はある。名都借は、奈良時代には開発されていた。ゆえに神社の創建も古い時代ではないか、と言われている。名都借の産土神であり、明治維新後は村社に列格していた。鬱蒼とした木々の中にあったが、近年樹木が多数切り倒された。荘厳な境内の雰囲気も薄まったと言えるのは、残念である。現在も、神社を崇敬しお参りをする地元の人々の姿が見られる。

香取神社の植生について

武運の神として知られる経津主命を祭神とする。境内は、さほど広くない。樹木が繁り、大木も見られた。全体的に見て規模は小さいが、整った重々しい神社林だったが、北側の樹木が近年伐採されてしまっている。南側は、道路に面している。東・西は、幅は狭いが木立があり、鳥居を挟んでいる。混交林であり各樹種が混生していた。スダジイが、一番多かった。自生の姿そのままで乱立するように社殿を囲んでいたスギは、切り倒された。

シイの木とスギの木

シイは、ブナ科の被子植物。幹は直立し、大きいものは25ｍを越え、直径1・5ｍになる。日本の照葉樹林を構成する代表的な木である。庭木や公園樹としてもよく植えられている。四方に枝を張って大きな樹冠をつくる。椎茸の榾木（ほたぎ）になる。実は、食用である。香取神社に入って鳥居の東側に、流山市保存樹木のシイの大木がある。

スギは、ヒノキ科の裸子植物で、日本の特産である。まっすぐな幹が特徴で、高さ45ｍ、直径2ｍぐらいになる。スギという名前は、幹が直立していることによる。万葉集のころから、神を祀る神聖な木とされていた。建築、船、橋などに、また樽、下駄などの細工物に用いられる。葉は線香や抹香の原料となる。香取神社に入って鳥居の西側に、流山市保存樹木のスギの大木がある。

シイを見上げて

香取神社の近くに東部中学校がある。この学校は、昭和42年に流山市が敷地を香取神社等の協力を得て創立した。体育館の裏側に、シイの立派な巨樹がある。同校では、「椎の木評議会」「椎の木祭（文化祭）」「椎のこずえはすくすくと（校歌の歌詞）」など、「椎の木」が多く登場する。シイは東部中のシンボルなのである。学校のもう一つの御神木・桜の精の生徒と、シイの精の生徒が、椎の木祭などで「精霊たちが、君たちを見守っているよ」と全校生徒の諸君を励ますのである。

この木がある場所は、もとは雷神社の境内だった。開校前は、この地の中学生は通学距離が遠く不便だった。碑も立っていて、大切な神社の境内を提供してでも、中学校を作りたかった地元の方々の心を刻んでいる。碑文に言う。

「聳える大木を見上げて、一粒の実にも似た私は、将来に大きな希望が湧いてくる」

（竹村夏彦）

〈ガイド〉

JR南柏駅から

・名都借香取神社
おおたかの森行　グリーンバス
「名都借交差点」下車　徒歩3分

・東部中学校
免許センター行、流山駅行　東武バス
「東部中学校前」下車　徒歩1分

廣壽寺
イチョウ（銀杏・公孫樹）
―秋の黄色い葉の乱舞―

金色のちひさき鳥のかたちして
銀杏ちるなり夕日の岡に
（与謝野晶子）

私の母校は、流山市立東部中学校である。一日の学業が終わる頃、谷を隔てて隣の名都借の丘の廣壽寺から、夕刻の鐘の音が聞こえて来る。秋の日など、丘は夕日に染まって、鐘の音はなんとなく物悲しく感じられるのだった。帰り道に廣壽寺に寄ると、イチョウの葉が黄色く色づき、葉が枝を離れ、風に吹かれて空に乱舞している。

高校は、東葛飾高校で、その校庭の奥には、三本の背の高いイチョウの木が立っていた。これも、秋になると端から順番に緑色から黄金色へと葉の色を変え、順番に散って行く。それは、一年、二年、三年生が順送りに成熟し、卒業していくのと同じようだった。

廣壽寺について

（位置　北緯35度50分40秒　東経１３９度56分14秒）流山市名都借にある。

永禄5年（１６５２）小金城主高城胤辰の開基である。本尊の観音菩薩坐像は、鎌倉時代の作といわれ、１９８４年（昭和59）に流山市指定有形文化財となった。宗派は曹洞宗である。

二年前に、博物館友の会を長年支援してくださった先代ご住職が亡くなられた。そのため、当寺に伝わるイチョウの木の逸話は、伺うことができなかった。ご冥福をお祈りする。

私には、大晦日の除夜の鐘撞きが印象深い。紅白歌合戦が終わると、廣壽寺まで暗い夜道を急ぎ、長い列に並んで鐘を撞かせてもらうのである。撞き終わると、お寺から甘酒とみかんをいただく。破魔矢も買って帰る。毎年の恒例行事であった。そんな行事も、境内の真ん中にある大きなイチョウの木が、見守っていた。

廣壽寺の植生について

寺院の東側から北側にかけて、斜面の地にカシ類を優先とする混淆林となっている。いずれも小木である。境内の中央にある、幹の周囲２・１m、高さ18mのイチョウの巨木は、流山市の保存樹木である。近年、大掛かりに枝打ちがされ、姿を大きく変えた。

イチョウについて

イチョウ科の落葉高木。高さ約30mに達し、葉は扇形で、秋に黄葉する。雌雄異株。秋に実る種子は、「ぎんなん」である。

中国原産で、観音像の渡来とともに僧侶によって、日本に持ち込まれたという説がある。老樹の乳イチョウは、出産・授乳の信仰対象とされている。

私の大学のキャンパスの中庭にもイチョウの木があった。若い夢から覚めて就職が決まり、恋に破れて卒業の秋を迎えた私には、イチョウの葉が散って行くのが、青春の終わりを告げているように思えてならなかった。

（竹村夏彦）

〈ガイド〉
ＪＲ南柏駅から　おおたかの森行きグリーンバス
「東部中学校前」下車　徒歩3分

向小金新田香取神社のイチョウとサイカチ

向小金新田のイチョウ

イチョウは香取神社の境内に1本あって、鳥居の左最端に立っている。高さ約25ｍ、目通しの太さ3・85ｍの、まだ100年未満の若木と伝えられる。鬱蒼と茂った枝と葉っぱは新田村の目印として住民から見守られてきた。イチョウと旧水戸街道の間の狭い空き地は一里塚の跡で、1941年（昭和16）に2階建ての農業倉庫が建てられた跡である。

香取神社は旧水戸街道に面して立地し、西は前ヶ崎・名都借方面からの道、東へは向小金小学校に通じ神社前で交差する。

イチョウと鳥居の間の空地に一里塚があった

10年ほど前のある日、神社総代であった鈴木操さんが十字路に立ち、大型クレーンに指図していた。「木の枝を切るのですか」との私の問いに、「仕方ないことです」と応じ説明された。前ヶ崎方面からの道路は交通量が年々増加している。道路上には神社敷地から樹木の枝が道いっぱいに張り出す。この枝が台風や強風にあおられて落下し車や人に危害を与えたら、加害責任は神社となる…という内容であった。作業は1日続いたという。枝下しの作業に続いて、最後はクレーン車から長い鉄柱を出して、イチョウの枝葉を刈り取り作業は終わった。

向小金新田は旧水戸街道の付け替えした正保年間（1644～48）に、小金から移住者らが新田村の開発を始めた。流山市で最も古い新田村の1つである。人が先に住み、神社を建てた。車はごく最近に出現した。「先住者の権利優先」から判断すると、万一の枝落下事故はだれの責任だろうかと、鈴木さんの話を聞きながら考えていた。

話はイチョウの木に戻す。1つは秋が来て、葉は黄色に色付く。木の葉の量も多く見事な紅葉だ。戦後までなら木炭の空き俵に葉を詰める。50俵は超えただろうかと予想するのも楽しい。2つ目、落葉の大部分は境内の外に落ちる。イチョウの木から3ｍ離れた北隣の大塚太平次家の庭に積もった。掃除された後に葉っぱがまた積もっている。新田村在地の人であったので、「忍の気持ち」で秋の過すぎるのを待っていたのだろうか。

枯れたサイカチの木

次に前ヶ崎からの道角にマメ科のサイカチの木があった。場所は鳥居を入って右手の塀の角でもある。枝にはトゲがあり、夏に緑黄色の花が咲く。秋には神社の塀越しにサイカチの実がなる。まれに「これ何という木ですか」と聞く人がいても、新田村の人の関心はいまひとつ。実の大きさは20～25㎝のササゲの実がよじれた形をしている。35年ほど前、額賀さんという老夫婦が社務所に住んでいた。彼は神社の樹木を調べていて、お参りに来た人に、特にサイカチの木を熱心に説明していた。

私がサイカチの実を初めて知ったのは戦争末期の国民学校のころ。母が盥の中に入れ洗剤として使っていた。当時は質の悪い石鹸さえ手に入らない時代。記憶は薄れたが、近所に住む老人が農家から「仕入れ」てきて、近所の家に分売し生活の足しにしていたようである。

母は洗濯物の上に、サイカチの鞘を鋏で切り、種子を出しお湯に浸していたようだ。鞘の中は種子とヌメリが混じり合っていて、その中にサポニンという石鹸分があるといっていた。向小金新田では洗剤に使ったという話を聞いていない。サイカチの木は30年前に枯れてしまった。

（相原正義）

東深井谷津地形が残る　理窓会記念自然公園

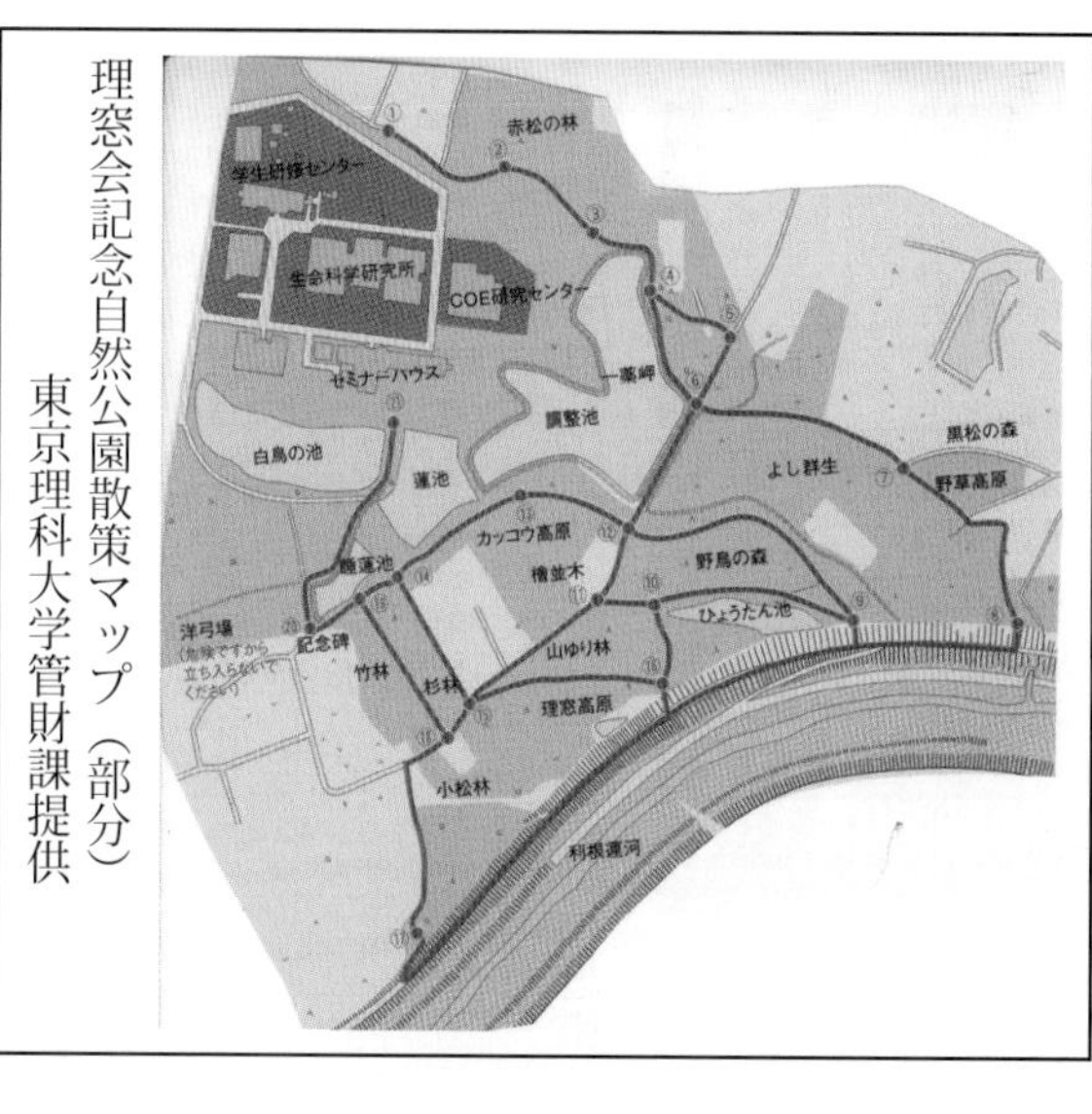

理窓会記念自然公園散策マップ（部分）
東京理科大学管財課提供

1　理窓会記念自然公園発足の歴史

東京理科大学が野田市山崎字亀山に運動場および薬草園の土地購入を開始したのは昭和33年で、昭和41年に野田キャンパス1号館が竣工している。

自然公園構想の始まりは、昭和47年８月の理窓会幹事会で、母校創立１００周年記念事業の一つとして卒業生３万人から3億円を募り、２万坪の自然公園をセミナーハウス南面の景勝の地につくり母校に寄贈しようという決議がされたときである。

１９８０年（昭和55）６月に3億1千３９６万円の募金を得て、理窓会記念自然公園（略称 理窓公園）の園路などを整備し、翌56年に理窓公園は大学に寄贈された。

現在、野田キャンパス東側の一角に拡がる理窓公園は13 ha面積で、公園の南面は明治23年に関東水運の要として利根運河会社により開削竣工した利根運河の右岸に接している。

2　理窓公園の豊かな動植物相

冬季に運河駅から利根運河経由で理窓公園の野鳥観察会を行うと、半日で45～50種もの野鳥に出会える。こんなに多くの野鳥がいるのは餌となる動植物が多いからに違いない。

動物では、ニホンアカガエル、ヒキガエル、カヤネズミ、アオダイショウ、シマヘビ、カナヘビ、ニホントカゲ、カナブン、カブトムシ、オニヤンマ、ミナミメダカ、ナマズ、クサガメ、ニホンウサギ、ヘイケボタル等を確認している。

植物では、春はアマナ、カキドオシ、キンラン、ギンラン、コスミレ、フデリンドウ、センボンヤリ、タチツボスミレ、マルバスミレ等、夏はイチヤクソウ、ウツボグサ、オオバノトンボソウ、ガンクビソウ、キツネノカミソリ、コバギボウシ、フタリシズカ、ヤマユリ等、秋はアキノタムラソウ、アキカラマツ、オミナエシ、シラヤマギク、ツクバトリカブト、ツリガネニンジン、ヒメキンミズヒキ、ヒヨドリバナ、ヤマハギ、ワレモコウ等５００種を超える植物種が確認されている。

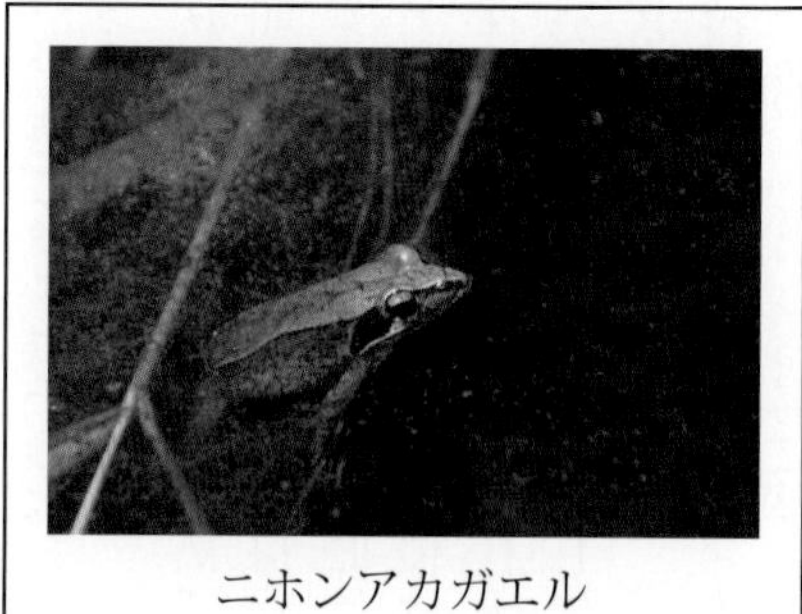
ニホンアカガエル

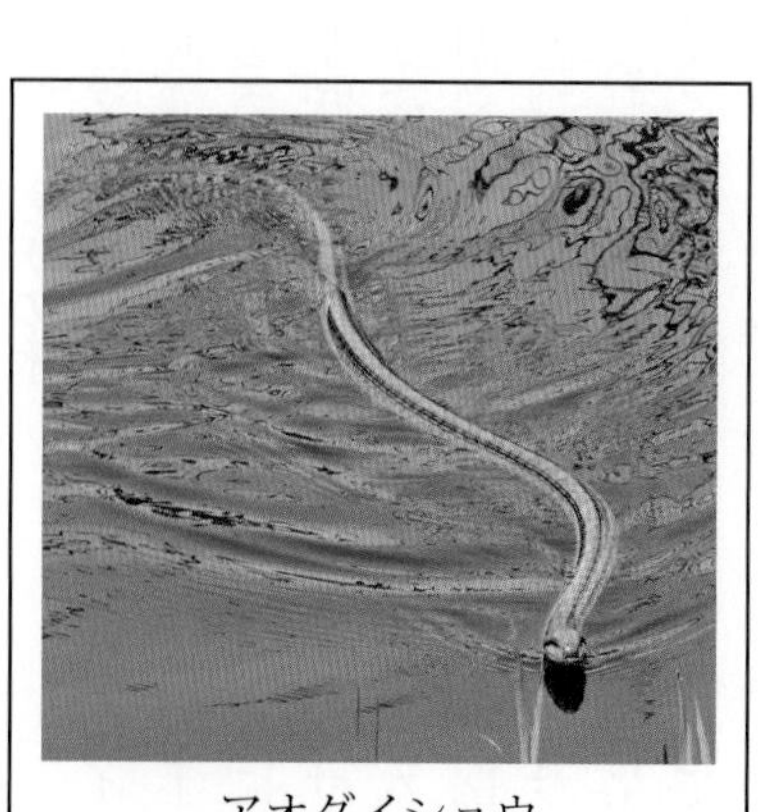
アオダイショウ

オニヤンマ

ミナミメダカ

3　理窓公園の最大の魅力は自然地形

理窓公園の最大の魅力は自然地形である。つづら折れした谷津田跡が大小6つの池の形で畦道とともに残され、池の周りには明暗の山林、尾根林、斜面林、ススキ草原、ヨシ原等の自然環境がモザイク状に広がり、これらが赤道や水路でつながっている。

蓮池１（長径１１０ｍ）
蓮池２（40ｍ）

その他、白鳥の池（１３０ｍ）、白鷺の池（１２０ｍ）、ひょうたん池（１１０ｍ）、ミニひょうたん池（60ｍ）があり、すべての池はカヤネズミの谷津（２２０ｍ）の中央を走る幹線水路を経由して魚道付き境田樋管から利根運河に注ぎ、江戸川から東京湾につながっている。これらの池はいずれも昔は水田であった。

利根運河開削前の明治14年陸軍作成の迅速測図と現在の地形図を比較すると、理窓公園の谷津田は運河対岸の流山市東深井地区公園（古墳の森）周辺にあった谷津田と合流して三ケ尾沼（現在の野田市こうのとりの里）に集水し利根川に注いでいた。筆者はこの谷津を東深井谷津と名づけている。東深井村の住民は、丘と水田が交々相混する美形な東深井の谷津田景観を、「九十九出張（くじゅうくでっぴょう）」と呼び、自慢、誇りにしていたと明治14年の陸軍民情調査「偵察録」に記録が残る。

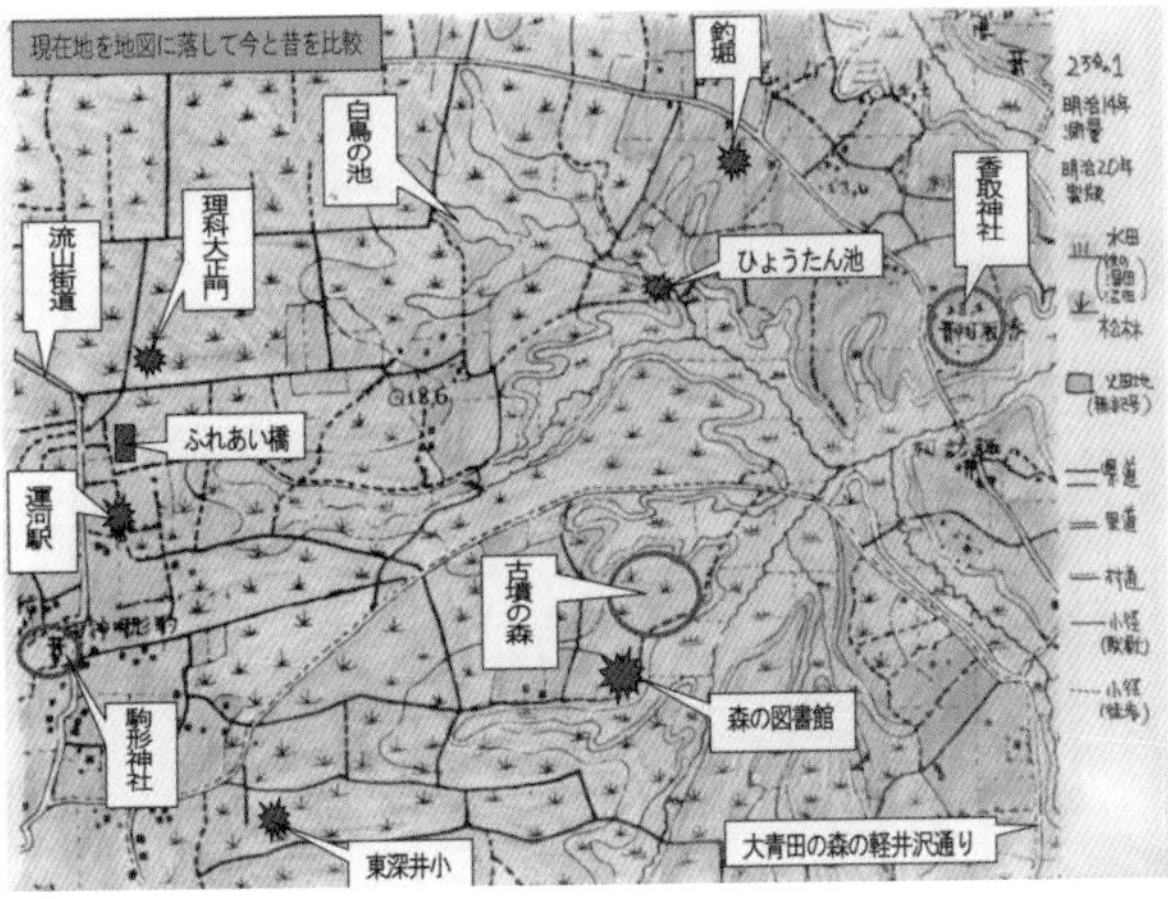

東深井谷津 明治 14 年迅速図に現地名を加筆

理窓公園の地形の素晴らしさの一端を動物で表現すれば、ヨシ原やその周辺草地での希少種カヤネズミの繁殖、池や水たまりでの希少種ニホンアカガエルの繁殖やヘイケボタルの繁殖の組み合わせと考えている。

4　理窓公園の気になる樹木10選

さて本題の樹木に入るが、理窓公園には古木や大木といった高齢の大樹はそれほど多くはない。そんな樹相ではあるが、気になる樹木10本を歩く園路に沿って紹介する。コースは薬用植物園先の公園入口から白鳥の池を左に見ながら歩くことにする。

①キリ　梅林広場の西側

このキリは大学の教員が植えたと聞いている。キリと言えばタンスや下駄が浮かんでくる。どちらも今はなつかしさ一杯で、気になる筆頭である。幹回りは71㎝。

キリ

国道16号線沿いの柏市大青田でかつて下駄を作っていた方は、地元では原料のキリを調達できなく、他県から買っていたと教えてくれた。

②シダレザクラ　白鳥の池西端

池西端の池縁に咲くシダレザクラ。幹回り260㎝、樹高10ｍ余、その先から小枝が垂れている。

シダレザクラの花

③オニグルミ　梅林広場の西側

江戸川下流左岸、市川市国府台の川筋そばの堆積砂州に生育していた1本のオニグルミが印象に残っていて選んだ。幹回りは67㎝。

オニグルミ

④モミジバスズカケノキ　梅林広場の西側

洋弓場近くに立つこのモミジバスズカケノキは見るほどに立派。幹回りは230㎝。スズカケの木に魅かれたのは、「鈴懸の径」という昔の歌と立教大学キャンパスの風景がダブルで浮かんできたからである。

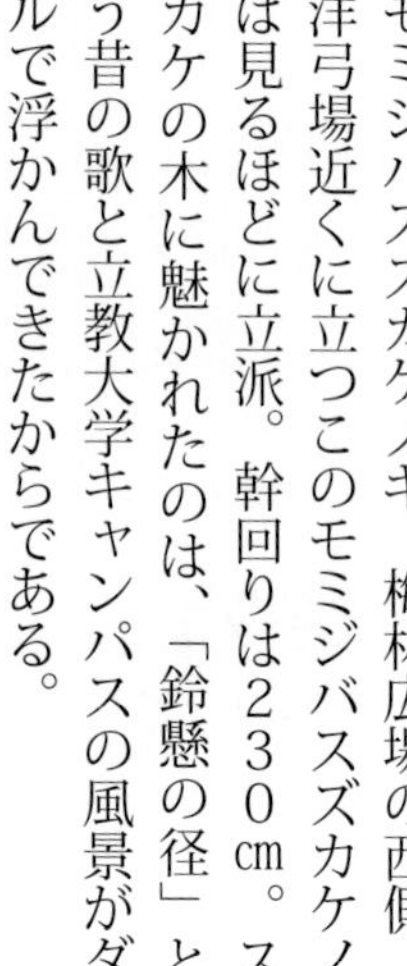

モミジバスズカケノキ

⑤イヌザクラ　竹林区の園路の西奥

竹林区の園路の西側のマダケの藪の中にイヌザクラの巨木がある。マダケを左右にさばきながらなんとかイヌザクラまでたどり着き幹回りを測ると265㎝もあってビックリ。このイヌザクラの巨木を誰もが楽しめるよう、行く手を阻むマダケの重なりを伐採整備したいものである。

イヌザクラ

⑥東のイヌザクラ　竹林区の園路の東側

こちらのイヌザクラは園路際にあり観賞しやすいのがありがたい。幹回りは１８５㎝。

竹林区園路東のイヌザクラ

⑦ケヤキ　東深井1号線の左側

東深井1号線のケヤキ

竹林区園路突き当りの東深井1号線（現状は赤道）を左に折れた左手の2本目のケヤキの幹回りを測ると２５０㎝。

⑧イヌシデ　理窓高原

理窓高原は、東深井1号線のケヤキのすぐ先を右に入った山道一帯の名称。園路右側にイヌシデの大木があり、幹回りは２２７㎝。

理窓高原のイヌシデ

⑨シラカシ　理窓高原

理窓高原のシラカシ

理窓高原のイヌシデの少し先の園路右手にシラカシの大木がある。幹回りは３１０㎝。

⑩ホオノキ　白鷺の池南面の森

理窓高原から野鳥の森に進み、東深井1号線との交差地を右折し、すぐ先を左折、少し先の右手にホオノキの大木がある。幹回りは１９０㎝。

白鷺の池南面の森のホオノキ

（新保國弘）

キンラン大生育地の森 東深井地区公園

キンラン大生育地の森

流山市の北端利根運河近くにある東深井地区公園（流山市東深井815）は、希少植物ラン科キンラン属キンランの大生育地として地域の講演会などで報告されて以降、開花期になるとキンラン群生の様を楽しまんと訪ねる愛好家が増えている。しかも当公園に来ると、キンランだけでなく、同じキンラン属のギンランやササバギンランの花も同時に観賞できるため、人気は高まる傾向にある。

キンラン

ギンラン

そこで筆者はキンラン属3種の開花数推移を求めんと、2023年の開花期に可能な限り毎日、コースや時間を定めて、3つのカウンター器を片手に30日間調査を行った。

その結果、開花日（初認日）は、キンランは4月9日以前、ギンランは4月14日、ササバギンランは4月16日であった。最大開花数は、キンランは1857本（4月24日）、ギンランは55本（4月26日）、ササバギンランは81本（4月24日）であった。終認日は、キンランは5月9日以降、ギンランは5月6日、ササバギンランは5月9日であった。

流山市において本公園以外で、3種のキンラン属がこのような規模の個体数で生育している報告はない。ただ一つの例外は、東京理科大学野田キャンパス内にある理窓会記念自然公園（理窓公園と略す。流山市と野田市にまたがっている）である。実は、東深井地区公園と理窓公園は、利根運河開削前は東深井谷津（筆者命名）という共通の水系でつながっていて、その水は利根川に注いでいた。水系地形の共通性故に、東深井地区公園と理窓公園はどちらもキンラン大生息地として現存しているのではないかと筆者は考えている。

ササバギンラン

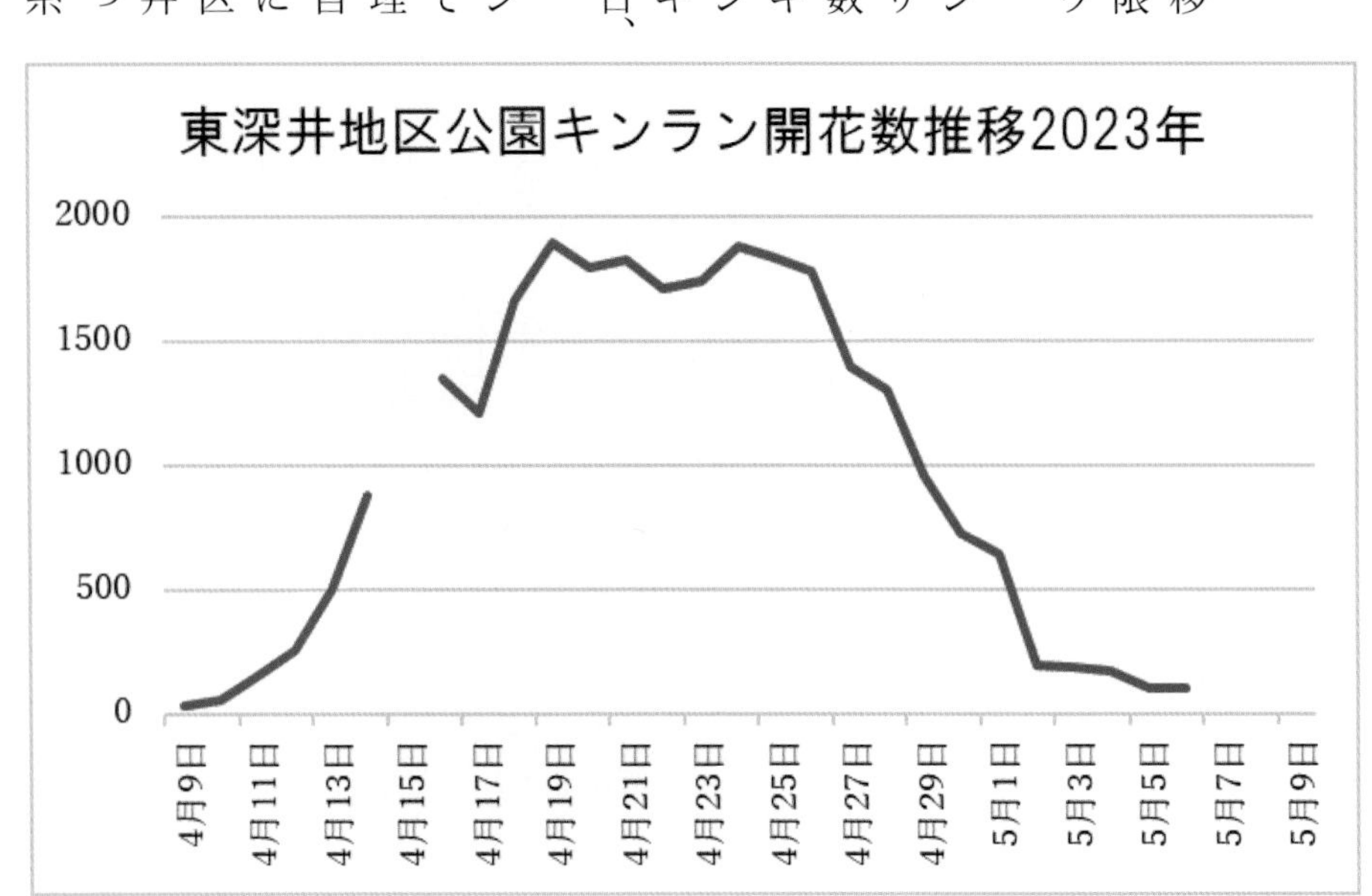

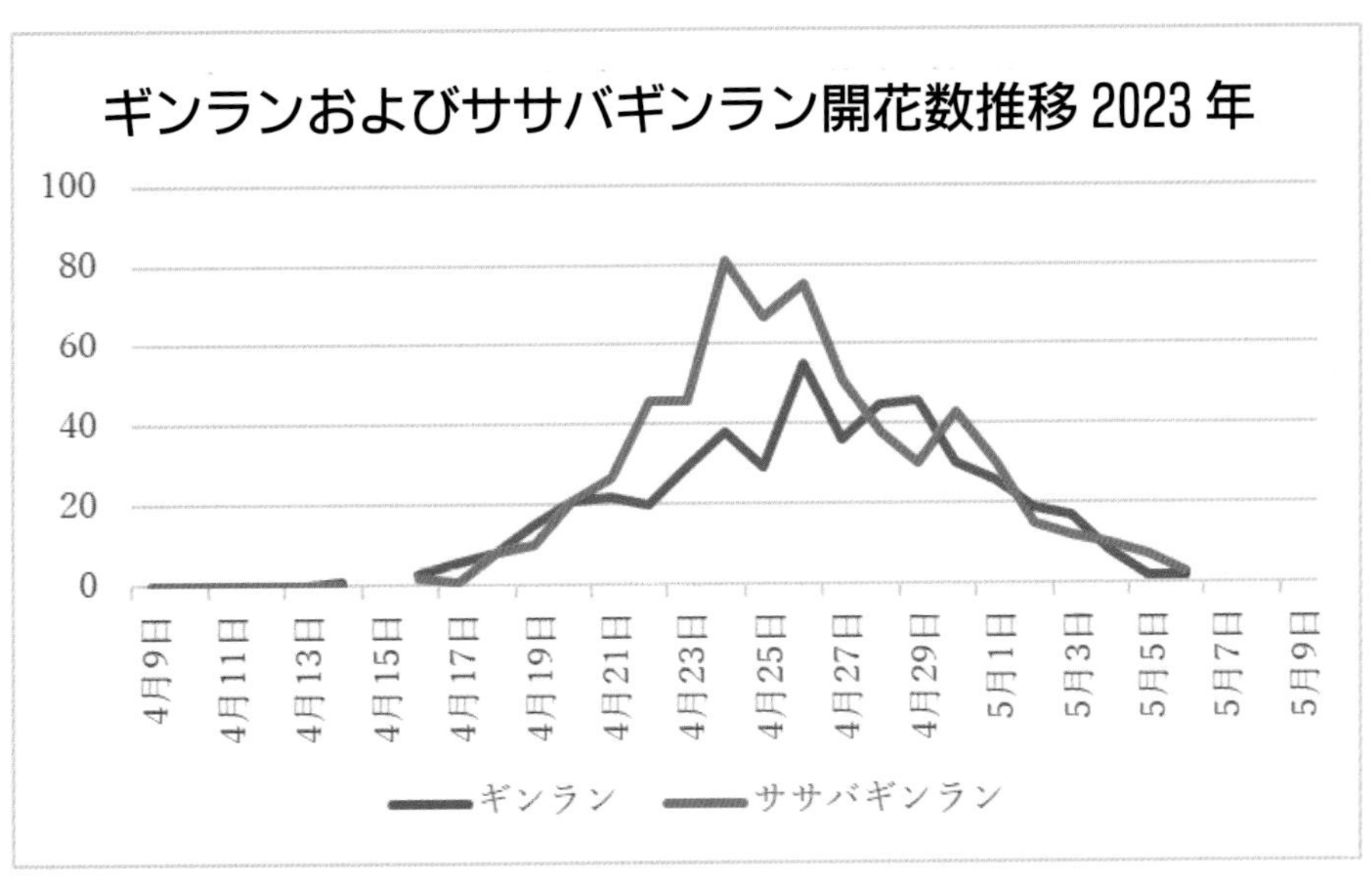

東深井地区（古墳の森）の散策路、古墳群略図　新保作図

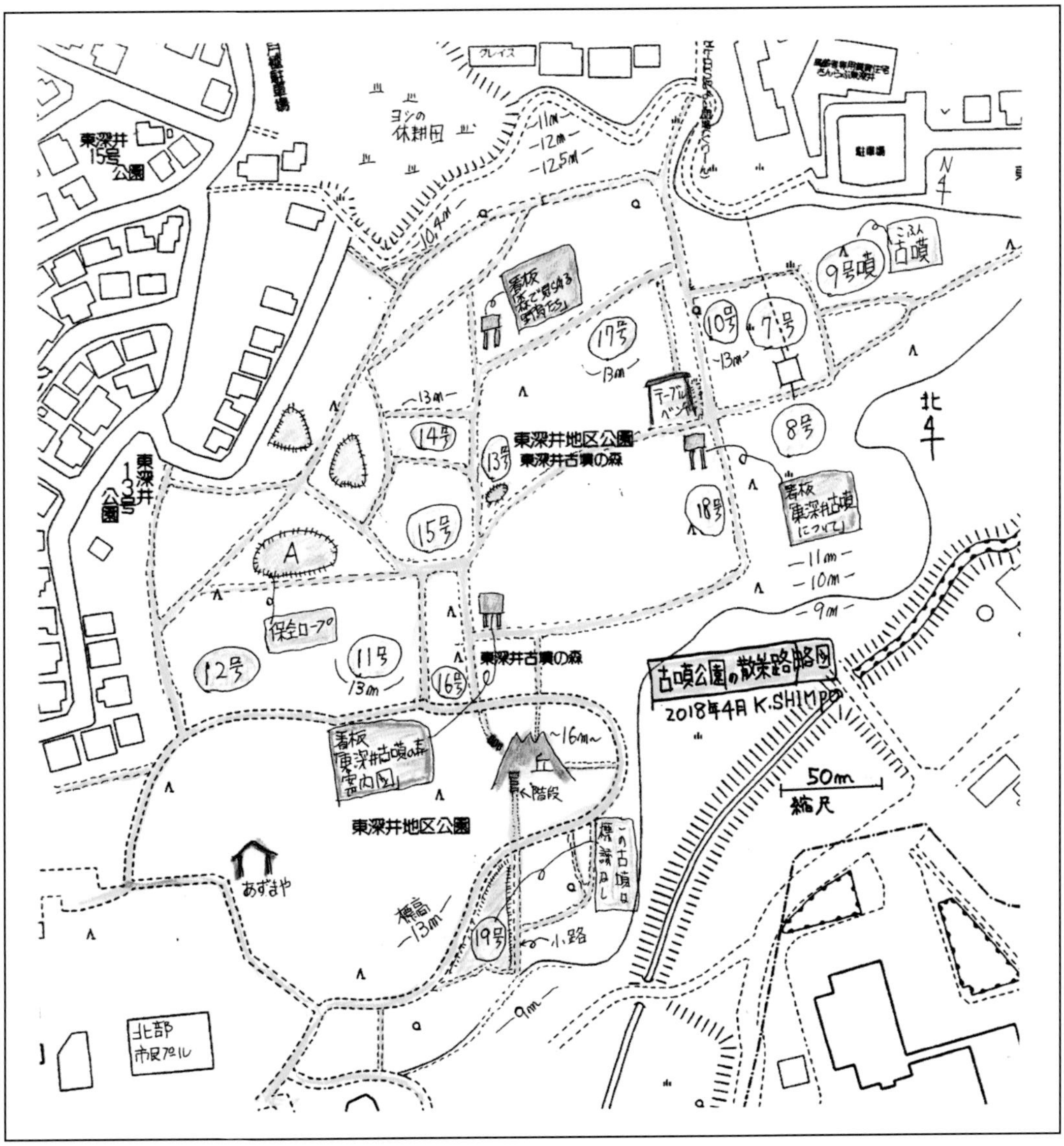

イヌシデとヤマザクラの森

東深井地区公園は、流山市唯一の地区公園で、地区公園となる前は、北側の市民の森第1号の東深井古墳の森と、南側の東深井近隣公園に分かれていた。本公園の現開設面積は約5・5ha、将来面積は約6・7haで、流山市では総合運動公園に次ぐ面積を有している。

筆者は、このうち古墳の森の面積（鉄塔周辺の古墳芝生広場を含む）を、みどりの課員の助言を受けて約2・6haと算出している。

公園へのアクセスは、東武アーバンパークライン運河駅東口から徒歩18分、または江戸川台駅東口から流山ぐりーんバス江戸川台東ルートに乗り森の図書館前で下車の2つがある。

園内には、古墳13基、トイレ、あずま屋、水飲み場、野外卓、園路、広場、健康遊具広場、広場坂下、案内板3基等が整備され、公園内にある森の図書館と合わせて、近隣住民の軽運動、散策、観察会、学習の場など多様な使い方で活用されている。

当公園の園路を歩いた時に一番多く出会う高木はイヌシデという樹木で、幹回りは太いもので180㎝ほど。しかして、筆者は当公園をイヌシデの森とも解説している。

事実、利根運河の生態系を守る会植物調査チームの2019年から2021年にかけての当公園の植生調査で、約120種の樹木(高木・亜高木および低木）が確認され、高木およそ1000本の内、500本近くはイヌシデであった。

イヌシデ　幹回り 180㎝

イヌシデの樹皮

イヌシデに次いで多い樹木はスギやコナラで各々100本近い。しかしコナラは最近ナラ枯れを起こし何本も伐採されて、幹下部だけの伐採痕があちこちで目に付く。次いで60から70本台の樹木はサワラ、シラカシで、50本以下の樹木はクヌギ、ミズキ、コブシやヤマザクラなどである。

当公園でイヌシデの次に特筆すべき樹木はヤマザクラではないかと思う。ヤマザクラは計16本確認されている。流山市内でこれほどの本数のヤマザクラがまとまって生育している場所は他にない。中でも9号墳東脇のヤマザクラの幹回りは255㎝とかなり太いことから古木と思われる。ヤマザクラの生育場所はほかに17号墳と18号墳周辺および公園の北側林縁近くなどである。

ヤマザクラ　幹回り 255㎝

9号墳東脇のヤマザクラ古木の開花
2023年3月29日撮影

ちなみに当公園で自然観察を楽しめるサクラとしては、ヤマザクラのほかに、ウワミズザクラとイヌザクラが挙げられる。

さて流山市内で保存樹木のヤマザクラがあったところは十太夫の熊野神社（現住所は

イヌザクラ　2021 年 5 月 5 日

ウワミズザクラ　2021 年 4 月 10 日

流山市東初石３―１３２）で、幹回りは１・４ｍと記録されている。しかし今、熊野神社を訪ねると、幹上部が剪定されて幹下部６ｍだけになったヤマザクラが残っているだけである。しかも幹回りの測定もできないような囲いの中に置かれていて、往時の面影はどこにも感じられない。

幹上部が剪定され樹高 6 m となった
熊野神社のヤマザクラ
東初石 3 丁目（旧十太夫）
2023 年 4 月 1 日

こういったことからも、東深井地区公園の幹回り２５５㎝のヤマザクラは案内板などを立てて大切に保存すべき樹木としたい。

（新保國弘）

主な文献

『東深井古墳の森の歴史と植物』利根運河の生態系を守る会、２０２１年

小屋香取神社のご神木

流山市小屋75の香取神社は、流山１００か所巡りの第32番で、流山市が立てた看板には「江戸時代に桐明神（きりみょうじん）を香取神社と改めた神社。中世、桐ヶ谷郷の総鎮守。祭神は経津主命（ふつぬしのみこと）。源頼朝の使者が戦勝祈願したという（桐明神伝説）。境内には、隋神（ずいじん）門や神木などがある。」と記されている。

この香取神社は、私の生家では必ず初詣に行く神社であった。鳥居のすぐ前には、この説明にある「神木」が聳え立っていた。

私が東京に住むようになってから、神木は切り倒されたと誰からともなく聞いた。

今回、香取神社の総代で、会計を担当している大作栄氏にお願いしたところ、案内してくれて、神社の本殿を開けて頂いた。

本殿に入って左の鴨居に、枯れたご神木の大杉を伐採した時の写真が掛けて有った。取り外して頂いた。写真の裏には、「昭和四十三年（１９６８）九月撮影、河原一郎」と達筆で書かれていた。

左は、現在残してあるご神木の幹、しめ縄が張ってある。

御神木のすぐ前の家に住む、渡辺博氏（84）に話を聞いた。「杉のご神木は、枯れたので伐採した。神社の樹木は生木で切ってはいけない。枯れないと切れない。枯れたご神木はもっと高い位置で一度切った。その後数年たって枯れた枝が落ちると危ないので、今の切り株状態にした。

切った御神木の一部は、お札を張り付けられるような板にして配った。まな板ほどは大きくなかった。それでも、残った部分は、境内に置いてある。」との事。

　そのご神木の所まで案内して頂いた。

　鳥居の西側を蛛の巣をかき分けながら入ると、切り倒された幹や枝部分が置いてあった。

　太い幹からは草が茂っており、朽ちる寸前。枝部分は原型を残していたが、これも次第に朽ちて行くはずである。左がそのご神木である。

ご神木とは別の、同じく枯れて切り倒された明神脇第一の杉をご紹介する。この明神脇第一の杉が有った位置は本殿の西側、本殿との位置関係を左の写真で示す。

左が明神脇第一の杉跡の石碑

石碑には
「明神脇第一の杉跡
目通　壱丈三尺二寸
高さ　貮拾間
昭和四十三年九月二十日伐採」
と記されている。伐採年月は、ご神木の同じ時である。

　この明神脇第一の杉は、伐採された後左の写真の様に、根も掘り起こされた。

　なお、境内一帯9、191㎡は、昭和50年（1975）12月1日に、流山市の保存樹林第15号に指定されている。

（中村　智）

赤城神社の社叢林

―流山市指定記念物―

流山の地名由来が伝わる赤城山、この山頂に建立された赤城神社を取り囲んでいる鎮守の森が、「赤城神社の社叢林」である。流山の自然を物語る価値の高い文化財として保護するため、２０１６年（平成28）、7，837㎡に及ぶ範囲が市の記念物として指定された。同時に指定された光明院のタラヨウとともに、市内では初めて指定された数少ない天然記念物である。

赤城山の標高は13・9ｍ、周囲との比高は9ｍを測り、この小高い山の斜面から頂部にかけて社叢林は展開している。文化4年（１８０７）の「関宿通多功道見取絵図」には、江戸川の流れと現在の流山本町通り、それに沿って緑豊かな赤城山と「赤城明神」が描かれる。また、１９２４年（大正12）の『千葉県東葛飾郡誌』には「古杉老檜鬱蒼」と記され、江戸時代から現在まで、流山の歴史を象徴する場所となっていることが知られる。

赤城神社の社叢林（北西方向から）

文化４年「関宿通多功道見取絵図」（部分）

大しめ縄をくぐり、鳥居から真っ直ぐに設けられた赤城神社参道を進むと左側に、神社では珍しいとされる二股に分かれたムクロジがある。説明板には、むくろじは「無患子」と書いて子どもの無病息災を祈り、秋に黒くなる実を男の子はビー玉、女の子は羽根つきをして遊んだと記している。

ムクロジ（ムクロジ科）

赤城神社の社叢林は、落葉広葉樹が主木となっている点に特徴があるとされる。『鎮守の森の樹木調査研究』（田中利勝２００１）によれば、社叢林を構成する樹木は３５７本あり、ケヤキ、ムクノキ、エノキ、イチョウなどの落葉高木が90本、スダジイ、クロマツ、カヤ、ヒノキ、スギ、シラカシなどの常緑高木が43本あげられている。ヒサカキ、ネズミモチ、アオキなどの低木もあり、斜面にはクマザサなどが繁茂している。

高木の中でもムクノキは、43本という多さとともに、その高さも際立っている（一書によるとエゾエノキとされる）。ムクノキは神社のご神木とされる例も多いというが、赤城神社の社叢林のムクノキも、氏子を始めとする地域の人びとに大切に守られてきたものであろう。

急な石段を10ｍほど上ると、社殿が建立されている境内の平坦部に至る。集会所の前に、イロハカエデと数少ないヒノキの高木を見ることができる。

ヒノキとイロハカエデ

この社叢林の特徴となっているムクノキの高木は、斜面のいたるところに見られる。中でも、本殿南側の平坦地にあるムクノキは、幹と同じ位の太い根を西へと真っ直ぐに伸ばし、その根張りの見事さに驚かされる。ムクドリは黒く熟したムクノキの実を好むというが、足元にはたくさんの小さな黒い実を確認することができる。

ムクノキ（アサ科）北斜面

落葉したムクノキ、手前が太根

北側斜面の際には、ケヤキが等間隔に綺麗に並んでおり、植樹されたものであろうか。ケヤキは社叢林に28本あるとされるが、ムクノキほどの高木は見られない。斜面にはヤツデ、アオキといった常緑低木が見られ、斜面の裾をクマザサが囲んでいる。

ケヤキ（ニレ科）北斜面

ヤツデ、アオキ、クマザサ

赤城神社の社叢林は、大正時代には古杉老檜鬱蒼と記されたが、現在ではその姿を見ることはできない。前掲の調査研究書では、赤城神社の樹木調査を平成10年に行っている。鳥居に近い参道の右には目通り3ｍを超すエノキが記録されているが、そのエノキも今はない。少しずつ環境が変わっていることを感じる。自然豊かな鎮守の森を、これからも守っていきたい。

（川根正教）

熊野神社八木伝説のシイの木

流山市思井の熊野神社は流山市思井305番地に所在する。

この熊野神社の村の名称「八木」の発祥伝説に成っているシイの木について調べた。

この熊野神社は区画整理の区域に入っていると聞いたので、今後どのようになる予定か調べてみた。次の手順で、求めた令和2年3月現在土地利用計画図を図に示す。

千葉県庁ホームページ→環境・まちづくり→まちづくり→土木事務所・区画整理事務所→流山区画整理事務所→事業の概要について→事業の概要―流山区画整理事務所→土地利用計画図令和2年3月現在

それによると、熊野神社周辺は「緑地」とされている。

東京の明治神宮外苑再開発では樹齢100年を超える古木を含め、約1000本の樹木が伐採されるとか。熊野神社ではそのような事にはならずに、今後も保存されるよう願いたいものである

シイの木について、日本にはツブラジイとスダジイの二種類が有るが、流山付近の椎の木は全てスダジイだそうである。

私は旧新川村の農家の次男坊のうまれで、幼児の頃一度シイの実を生で食べたことが有る。先が尖っている実だった。新川耕地の斜面林の一部に我が家の土地が少し有って、そこにシイの木が一本有り、実が落ちていた。祖父が生でも食えると言うので食ってみた。不味くて一口で止めた。栗の実も生で食ったことが有るがそれよりも不味かった。

「チェック！　流山のむかし」42ページには「八木発祥伝説」が「八木総菜鎮守熊野大権現縁起」に書かれていると書いてある。現在木が有るとすれば少なくとも139年経つ大木の筈である。　現物をぜひ見たいと思い、「八木」の発祥伝説について地元の方の話を聞いた。まず熊野神社坂下の家に行って聞いてみた。その家が鈴木恵子さん宅で、博物館友の会会員であった。鈴木さんに氏子総代さんの中山文男氏84歳宅を教えて頂いて訪ねた。古文書などは、皆流山市に渡したとの事であった。

そこで、博物館で「天明4年（1784）辰年9月　八木総菜鎮守熊野大権現縁起」を見せて頂いた。写しを図に示す。博物館には活字に直した資料もある。

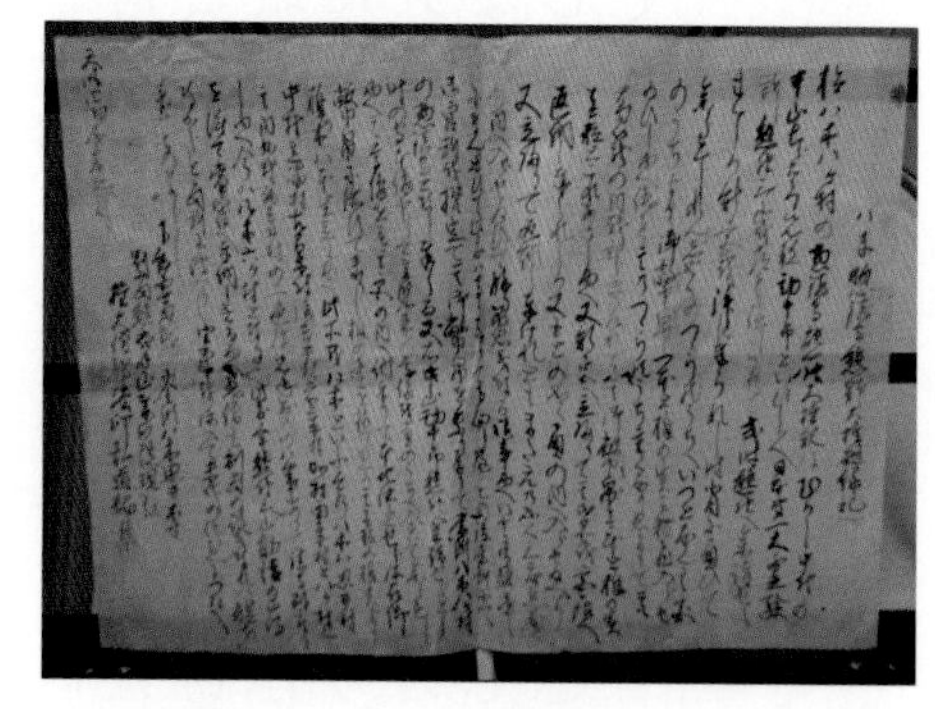

博物館で古文書を見せて頂いたのは初めてであり、その手順を示す。

まず、博物館に電話をして、古文書が有るかを確認する。確認ができたら見せて頂けるか聞く。可能な場合は、資料閲覧・撮影・掲載許可申請書をダウンロードして記入して、持参するかFAXで送る。許可が下りてから日程を調整して、博物館に行って立ち合いの元見せて頂くのである。今回本物も活字にしたものも写真を撮らせて頂いた。

次に、その伝説の椎の木が現在存在するかどうかを調べることにした。

熊野神社に行って、周りを見て回ったが、保存樹林の標識は一つもなく、伝説の椎の木であるなどの標識も見当たらなかった。素人の私にはどれが椎の木なのかもわからない。

1984年9月1日発行「流山市歴史研究第2号」伊原清正著流山の神社と植物（1）の135ページ（3）熊野神社（思井）には当該伝説の椎の木の写真が掲載されている。本のコピーをスキャンしたので、見にくいが写しを図に示す。根元に石碑が写っている。

研究誌発行から39年が経過しているので、現在この木が生存しているかを調べることにした。

現地に行き似ている木が有った。鳥居との位置関係を分かるように撮った写真を図に示す。

根元から太い幹が5本立ち上がっている。真ん中の一番太い幹は枯れてしまっている。根元周辺には、何本もの細い枝が出ている。

左は根元から枝を切り取られている様子。

この木が椎の木（すだじい）か、流山市役所の「みどりの課」の方に見て貰ったら、スダジイだと思うとの事であった。

幸い5月26日に博物館友の会の見学会があり、平方福性寺の流山市保存樹木の標識があるシイの木を見ることができた。根元に小さな枝が生えており、その葉の表・裏を見ることができた。裏が茶色なっているのがシイの特徴であるとの説明が有った。

同日急ぎ熊野神社に行き、伝説の椎の木と思われる木の根元から生えている枝の一部を取り、家に持ち帰り、葉の裏が茶色であることを確認した。

また、シイと言われた枝・葉と熊野神社の枝・葉の表裏を比較して写真を撮った。

私には両方の葉の色がよく似ていると見えた。

写真を図に示した。右が熊野神社

熊野神社の伝説の椎の木と思われる木を位置関係が分かるように鳥居と石碑を入れて写真を撮った。

再び氏子総代の中山文男氏を訪ね「伝説の椎の木は熊野神社の急な階段をのぼり切り、鳥居の右・東側にある椎の木ですか。」と尋ねると「そうです。地元では皆そう思っています。」との返事であった。

（中村　智）

前ケ崎　あじさい通り　アジサイ

——地域の人々とともに——

母よ—
淡くかなしきもののふるなり
紫陽花いろのもののふるなり
はてしなき並樹のかげを
そうそうと風のふくなり

淡くかなしきもののふる
紫陽花いろのもののふる道
母よ　私は知ってゐる
この道は遠く遠くはてしない道

三好達治「乳母車」

あじさい通りの始まり

あじさい（紫陽花）の咲くその道は、あじさい通りと呼ばれる。梅雨の季節に紫、青、白、赤、色とりどりの無数のアジサイが、250mの道路に沿った斜面に可憐な姿を見せている。国道6号線から、流山市東部公民館前へ入り、歩いてすぐにそれはある。

もともとは、竹林だった。地元有志の方が、平成3年4月から、所有者の御理解を得て、竹林の傾斜地を開墾したのが始まりだった。綺麗な景観を目指し、アジサイを植えた。植えてあるのは、日本古来のヤマアジサイと、その園芸種であるガクアジサイ及び本アジサイ。米国原産アジサイや西洋系のものもあり、全部で30種類以上。

除草や花の剪定作業などの地道な栽培は、地元・本州団地自治会の会員が行っている。話題となり、地元だけでなく遠方からも訪れる人が増え、閑静な住宅街の中にアジサイが咲き乱れる絶景に目を奪われている。天気や日差しによってアジサイの色は変化し、テーブルで休息したり、老人ホームの車でご老人がやって来たり、思い思いに楽しめるパラダイスである。

ただ、一つ御注意を願いたい。あじさい通りに鑑賞に来る人達のなかには、近隣のお宅にトイレを貸してもらえないか頼む人もいる。ご迷惑になるので、十分御配慮していただきたい。また、公共交通機関を利用することをお勧めしたい。

アジサイについて

ユキノシタ科の被子植物。鎌倉時代に園芸化され、江戸時代にはごく一般的な庭園植物となった。茎は、群生して高さ1・5m位になる。アジサイの「あじ」は、「あつ」で集まること、「さい」は「真の藍」（さのあい）が省略されたもので、青い花が固まって咲く様子から名付けられたものとされている。

流山高等学園の取り組み

「地域と連携・協働した体験学習」を目標とする千葉県立特別支援学校流山高等学園の生徒さんも、アジサイの手入れを行っている。初夏の暑い最中に除草をしたり、丸太で階段を作るなど、整備活動を行っている。生徒さんは、「地域の方と一緒に、喜んでもらえるよう頑張ります」と汗を流して語ってくれる。

あじさいの咲く前ケ崎あじさい通りの道は、地域の人々と若者の未来へ続いている。

（竹村夏彦）

〈ガイド〉
JR南柏駅西口から東武バス　南流山駅行き
流山駅東口行き　免許センター行き
「東部公民館前」下車徒歩5分

家庭の燃料源としての里山・山林

今回のテーマは樹木です。「木の価値」とは何でしょうか。古木、大木、木材としての価値、花がきれいなどいろいろな価値が有ります。

さて、人間は火を利用するように成ってから、社会的文化的進化が急激に早まったと言われています。人間は火を調理に使い、暖を取り、明かりとし、敵から身を守るのにも役立てました。

筆者が流山で生まれたのは昭和14年。もう猛獣から身を守るための火は必要ではありませんでしたが、竈の炊事には小枝や薪が必需品でした

家庭でもプロパンガスが使用されるようになったのは、諸説あるそうですが、１９５３年（昭和28）頃からと書かれています。農村部にまで普及してきたのは、その後5～10年後でしょうか。私が東京に出た１９６０年は、竈で調理をしていたと思います。どの家庭でも、竈で煮炊きをするための燃料が必要不可欠、大切な物でした。

その燃料を確保するのにこの辺では「山」と呼んでいたスギやマツやヒノキ、クヌギやナラの山林でした。農閑期の冬に行い、「山仕事」と言い、1年分の燃料を確保しておかなければなりませんでした。

山仕事では、松林などの下草、主にススキ、篠竹やササが多かったと思いますが、それを柄の長い「山刈り鎌」で野球のバッティングの様に振って根元から刈ります。

何日かそのまま放置して置き、十分に枯れてから、熊手で掻きこみます。荒縄を敷いて置き、粗い目の熊手や素手で、小枝やササ、篠竹、すすきを纏めて、すしのご飯の様に並べてその上に、細かい熊手で掻き集めた松葉など細かいものをすしでいえば具材の様に載せて、束ねる。生活の知恵です。

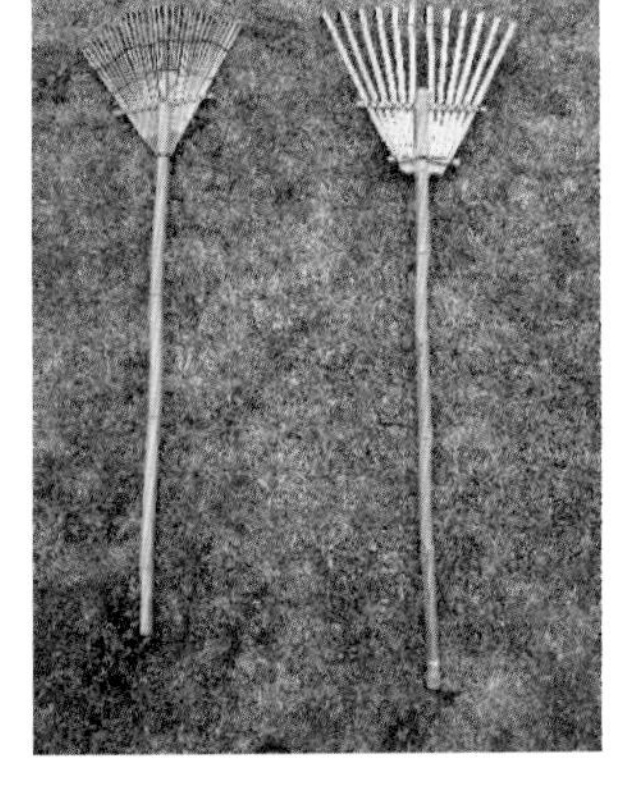

両手で抱えられる位に束ねて荒縄で縛ります。それを牛車などで、家まで運び「木小屋」に積み上げ、燃料にするのです。

山林を持っている家ばかりではありません。山林が無い家では、下草を刈り取らせて貰うのです。貴重な燃料ですから無料では有りません。

「山入りの手間賃を「エキ」と言った。所謂『結』である。山1反の下刈りする権利は、農繁期の田植え時の一人一日の働きと交換した。貴重な燃料だから、丁度枯れたのを盗む奴がいた。中野久木では共同で山番を頼んだ。」（秋元大吉郎氏）

出来るだけ多くの燃料を、集める為に、下草は念入りに刈込み、松葉など細かいものも残さず集めるので、林の中はきれいに掃除をしたようになった。それでキノコやせんぶりなどの薬草も生え揃っていたのである。

筆者の生まれた家は、8人家族の専業農家でした。所有していた山林の面積は3反（約３，０００㎡）でした。その約半分を開墾して畑にして、サツマイモや落花生を作付けしていましたので、林は半分1反半位でした。屋敷林からも枝が取れ、ナスや枝豆の茎も燃料になります。五右衛門風呂の燃料はもみ殻でしたので、何とか間に合っていたのだと思います。ただ、松の根っこを掘らされて、それを砕いて燃料にした記憶も有るので、不足気味だったのかも知れません。

（中村　智）

千古の杜の「諏訪神社」

—保存樹木—

「おすわさま」として親しまれている諏訪神社は、東武野田線の豊四季駅から流山方面の街道沿いの森の中にある。神社前の道は「諏訪道」と言われ、江戸時代から明治にかけて江戸川と利根川を結ぶ流山の物資輸送路であった。神社は第一鳥居のあたりから樹木が茂っている。社殿に向う参道は鳥の声が響いている。境内の神域は、よく整備され、清々しき気持ちで社殿に向かう。参道を社殿に向って歩くと大きな樹木が間隔をあけて並んでいる。見上げる空を覆う樹木の生命力に思わず感動する

3300㎡と言われる広大で静寂な参道の先に、弘化3年（1846）完成の立派な社殿がある。祭神は大国主の命の子の武御名方命で、大同年間（806～810）天武天皇の皇子の高市皇子の後裔（子孫）が政変で関東に下り、ここに住みついて信州からお諏訪様を勧請したという。大昔は狩猟者たちの信仰が厚かったが、その後農耕神となり、武神となり、今は水利の神、健康や安全の神として広く信仰を集めている。お訪ねした十月には七五三のお参りで、社殿前の境内は賑わっていた。

諏訪神社には、どのような御神木や樹木があるのであろうか。

社殿の左側には大木のケヤキが2本並んでいる。注連縄の張られている右側が、諏訪神社の御神木である。

南側の駐車場もケヤキやクスノキの大木がある。また社殿裏にも樹木が多い。千二百年の面影を残し境内にはケヤキ、クスノキ、ヒノキ、アカガシナギ、スダジイ、マテバシイ、サクラ、スギ、シラカシなどの大木がある。その他カヤ、アラカシ、サカキ、ヒサカキ、ヒイラギ、イロハモミジ、ヤツデ、ユズリハ、モッコク、アオキ、ネズミモチ、ツバキ、モチノキ、庭木などがある。

後日お訪ねしたら境内を清掃している3人の方に出会った。荘厳さと安全を保つため神社側の心配りを感じた。また神社の碑や立札に日本の歴史と文化に思いを馳せた。

以下、本稿では昭和49年流山市保存樹木I号になった諏訪神社のマツ、ケヤキ、スギを中心に樹木の稿を進める。

諏訪神社は流山市の指定有形文化財（建築物）となっている。

保存樹木 ①マツ

敬われるマツ

樹木のマツの由来は、行く末を待つ、神を待つ、久しく齢を保つなどいろいろある。常緑の美しい姿に常盤の色を保ち、神の宿る木とされ、昔より、さまざまな祝い事や民俗行事に使われてきた。

諏訪神社の境内にはマツの大木の切株がある。その全貌が見られないのが残念だが、玉垣の奥に垣間見るマツの切株の姿の荘厳さに驚かされる。お祭りの時は扉が開かれるので見られるという。

そのマツは、「周囲5m50㎝、樹高38m、樹齢600余年の巨木今冬かれぬ。今社殿背後の生茂(せいも)のところより根株をここに移し終えぬ・・・昭和50年3月誌す」と巨松の記にある。だが現在は幹周り5mにも満たない。

また、諏訪神社の伝承に、源義家鞍掛のマツがある。これは寛治年間(1087～1094)源義家の奥州征討の折りに報賽(ほうさい)を捧げるため本社に参って乗馬と馬具を献上し、マツの木に鞍をかけたと言い伝えられている。伝承のマツは柏に行く数分先、ケヤキのあるマンションの前にあったという。

マツについては、古事記の景行天皇の条ヤマトタケルの記述の中にマツがある。遠征の還り、尾津の前、ひとつマツのところで食事をとった時の歌が残っている。「ひと松ひとにありせば太刀はけましを衣著せましをひとつ松あせを」生きている喜びを詠った一首である。

マツはその長寿から万葉集には「神さびて」と神格化されていた。

マツは、神が降臨する依り代であったと考えられ、昔から神格化されてきた。平安時代、春の初めの遊びとして、野外に出て小松を引き、庭に植えた。それが十一世紀に門松に発展する。しかし榊をこれに代えると惟宗孝言の句にある。室町時代には正月のいけ花にもマツが使われた。マツの木はよく燃えるので、たいまつにされた。

松葉を砂糖と共に発酵させた松葉エキスは飲料として、また松葉も不老長寿に効果もあるとして松葉酒が民間薬として伝えられている。

マツの実は栄養価が食用に利用され、古くから不老長寿効果がある。江戸時代の飢饉のときは、松皮をつき、松皮餅を作って食べた。マツは神聖な木として神霊が宿るとの信仰があった。昔は正月に門松を立てていた。屋敷の正面や床の間、土間、神棚の前や大黒柱に立てていた人もいるようだった。長寿を願う歌をもう一首。

たまきはる命は知らず松が枝を結ぶ
心は長くとぞ思ふ（万葉集１０４３）

保存樹木　②ケヤキ

御神木として

大樹には神霊が宿ると言われる。諏訪神社の御神木はけやきである。けやきは春の芽吹きに秋の紅葉にほうき状に大きく枝を広げる。こうした、けやきは際だつ、尊く秀でたという意味の「けやかし」から生まれたといわれている。香好の転。古名は「槻（つき）」強い木の意味とも言われている。武蔵野の街路樹としても多く、ニレ科の落葉大木樹で、人家の防風林にも使われてきた。

静寂なお諏訪さまの杜を第一鳥居から社殿に向って歩く参道から見る神域には、大木のクスノキやケヤキ、ヒノキ、杉などが間隔を開けて並んでいる。社殿の左側には2本のけやきがある。注連縄に紙垂があるのが、御神木のけやきで目通り（幹周り）３ｍ75㎝ある。その左側の木は、２ｍ36㎝。また社殿の裏に目通り３ｍのけやきがある。葉は二列状に互生し、表面はざらつく、側脈の先端は鋭い鋸葉（のこぎりは）。4、5月に淡黄緑色の花を開く。けやきは巨木になるので、荘厳な神社や寺に植えられることが多い。けやきについて歌にある。

泊瀬のゆ槻が下にわが隠せる妻あかねさし照れる月夜に人見てむかも

「泊瀬の神木の欅の木の下に、私が隠してある妻よ。照る月に、人が見たであろうか」

（万葉集　２３５３）

けやきの材木は木目が美しく良質で建築、船舶、機械、楽器、彫刻に使われた。寺社の構造材や大黒柱、また盆や漆器の木材としても用いられる。

大木の下にサカキやヒサカキが　多くあるのが目に入る。サカキの榊は　国字。古事記、万葉集では、「賢木」と表記されている。サカキは神の依り代とされ、玉串として幣をつけて神に奉納したり、神域を表示したり、その境に注連縄をはったりして神事に広く使われる。そのほか家の神棚やかまど神にも供えられる。榊は色や形が美しく、白い花が咲き、光沢があり神霊を招き奉安する常緑樹であり、枝である。いつでも葉が緑であるために榮樹と名づけられ、「え」が省略されてサカキになったという。ヒサカキは姫榊の略という。榊と同様神前に供える。

サカキ

ケヤキ

保存樹木　③スギ

神を祀る最長寿の木

スギは日本の特産の常緑針葉樹で幹は真直ぐ伸び樹形が美しく、古くから神を祀る神聖な木とされている。

スギの名の由来はすくすく生成する木、すぐ（直）な木、上へ進みのぼる木の意味などがある。

（万葉集　３２２８）の歌に「神名備のみもち山に斎ふ杉」とある。

スギは日本産の樹木では、最長寿の樹木である。特に屋久島の縄文スギが有名である。筆者が島で会った紀元スギは三千年といわれ、多くの植物を寄生させて力強く成長していた。

神木の歌をもう一首。

石上ふるの神杉神さびて恋をも我はさらにするかも（万葉集２４１７）「神杉のように年をとって私はまた苦しい恋をしています。」の意味。

スギの枝葉は安産のお守や魔除けともされ流行病や百日咳の時には、「過ぎてよし」のゴロあわせからスギとヨシを戸口につるしたりした。

スギは昔から神聖視され、屋敷に植えることは現在もあまりない。

三輪明神の助けで一夜にして美酒を加味した伝承から、酒屋では杉玉を軒につるして看板としたり、スギの香りを尊んで酒樽を作ったりしている。

参道近くの右側に目通り２m近いスギがあるが、社殿裏の社叢に、幹の太さ、目通り（幹回り）２m、２m16㎝、２m58㎝のスギがある。スギは、味わい深い材木で家屋、桶、樽、曲物（まげもの）に樹皮は屋根などを葺（ふ）くのに用いる。建築用材として、広く用いられ古くから船材としても用いられてきた。そのスギの花粉は細かく空中に飛散・滞留するため花粉症の原因となっているが、花粉の少ないスギの研究がなされ各地で植えられ始めている。木材としてスギは使いやすいので古い時代から植林されているが、全国的に75%が実生で、25%が挿木（さしき）という。樹皮は褐色、繊維質で強靱。しかし風害に弱く、去年の台風で境内のスギの大木が倒れたと聞く。

「原色牧野和漢薬草大圖鑑」によると、スギの脂は殺菌作用があり、止痛薬として樹皮は脚気、やけどなどに、葉は鎮痛薬として歯痛などに、種子も鎮痛薬に応用するという。

この稿を進めるにあたり、１０３歳のご長命の歩みをされた、元宮司さんの「樹木ノート」を拝見させていただいた。

【ガイド】東武野田線の豊四季駅より街道を流山の方に歩いて五分。

（森　弘子）

クネ（垣根）と屋敷林

クネ（垣根）

屋敷のまわりを囲うように植えられた屋敷林は、そこに住む人々によって植栽され守られてきた。からっ風で有名な関東平野は屋敷林の発達した地域で、東葛地域でも、屋敷林の一部を見上げるほど高い生垣で囲っている家を見ることができる。

東葛地方の野田、流山、柏、我孫子、松戸、鎌ケ谷の市史や民俗報告書を見ると、この生垣のことをクネと記している。

流山市芝崎の名主吉野家の日記には、旧暦1月に「くね結」という作業をした記録がしばしば出てくるが、クネの中に渡された竹と枝を結び直したか、あるいは竹垣（竹グネ）の修理をしていたものかもしれない。

クネと屋敷林を作る木々

クネの木の種類は何か、東葛6市の市史民俗編の中から探してみると、モチノキ、カシ、ツゲ、マキ、ヒバ、ヒノキ、シイ、サンゴジュ、マサキ、サザンカなどがあった。

クネは、しばしば背丈の高くなるカシやモチノキなどを上段に、下段にはツゲなどを組み合わせて緑の高い壁を築いていた。

屋敷林全体で見ると、ケヤキ、スギ、マツ、タケなどの名もあげられていたが、『鎌ケ谷史資料編Ⅶ（自然）』に屋敷林の樹種と位置を図示した詳細な調査結果があり、それを見ると、一軒の屋敷林に樹木が15～24種類もあり、実際は想像以上に多彩なのだとわかる。

屋敷林の役割

ケヤキ、カシ、スギなどの高木は、屋敷の背後に林立して防風の役割を担った。前庭にある高木は、日よけ、雨よけになった。

場所によっては、洪水の時家が流されるのを防ぐ役割もあった。

屋敷林の落葉や剪定した小枝は燃料になった。竹林であればタケノコや竿に利用した。

ある程度年輪を経ると建築材や婚礼道具の素材にしたり、売却して資金とすることもあった。

高い生垣は北と西側に作られることが多く、防風、防塵、防雪、防火の効果があった。「昔は草葺き屋根だったから、高い風よけが必要だった」と話す方もいた。

生垣の実際の防風効果について、『千葉県の自然誌本編5千葉の植物2植生』に、生垣外と内側とで、ほぼ70％風速が遮断されるという実験結果が報告されている。またモチノキは葉の含水量喪失を押さえる種で、防火効果が高いそうだ。

坂上家の木の歴史

青木先生と一緒に、流山市役所前の大坂のてっぺんに住む坂上裕一さんご夫妻に生垣の話を伺った。諏訪道の方から見ると、坂道に面した北側と西側に、下はコンクリートブロックで土留めされた上に高い生垣がある。

生垣は「モーチノキの塀」と呼んで、奥様が「明治35年生まれの大じいさんが植えたと

坂上家の「モーチノキの塀」

聞いた」という。１００年以上はたっている。防風、西日よけだという。

高さは3m以上あるが、去年まで裕一さん（昭和24年生まれ）ご自身が、刃の長いのと短い2種類のバリカンで刈っていた。

昔は屋敷内に蔵の他に、薪小屋、豚小屋、牛小屋、たい肥小屋、漬物小屋などがあり、庭が広かった。坂上さんの家は、大じいさんの頃から炭焼きをやっていて、炭焼き釜3つもあった。

原料のカシやナラの木は、市野谷や開発に伴って豊四季団地とか沼南の方まで行って残りの木を買って来た。炭焼きは昭和50年頃、屋敷の西側にあったケヤキなどの木12本を伐って、最後の炭焼きをしたそうだ。

庭の南側にはカキの木が5本、ウメ、イチジク、ミカンなど、おやつになる果樹が植えてあった。果樹は畑の境目にビワや、バタンキュー（スモモ）もあったという。

庭に大きなカシワの木があり、春先になるとお饅頭屋さんが柏餅用の葉を採りにきたものだった。

裕一さんは、おばあさんが飛地山へ小枝や落葉を拾いに行っていたことをよく覚えている。小枝は風呂を沸かすのに使い、落ち葉は堆肥にしたり、庭でたき火したという。ガスが普及する以前は、屋敷林に加えて山の木の枝や落葉も、風呂やカマドの燃料や堆肥に補っていた。

大作家のタカガキ、イキグネ

流山市北西部小屋の大作栄さんの家は、道路に面した北側と東側を高い生垣で囲っている。下がキャラ（キャラボク）で上がモチノキの、高さ4m50㎝ほどの立派な生垣である。

生垣を、ご主人の栄さんは「タカガキ」（高垣）、奥様は「イキグネ」と呼ぶ。タカガキ、イキグネは家と外との境界を区切るために植えるものであり、防風、防火の効果があるという。

大作家の「タカガキ、イキグネ」

庭にはイトヒバ（ヒヨクヒバ）、マキ、サザンカ、ツゲ、キンモクセイ、ヒイラギ、マツ、などの木々がよく手入れされていて、イキグネに囲まれた屋敷内はとても静かで、落ち着く感じを受けた。

屋敷神のお稲荷様（笠間稲荷）もあり、初午の時は祠の中を掃除して、小豆ごはん、里芋と油揚げの煮もの、自家製糀の甘酒をお供えする。

年に一度11月に親類の植木屋さんに手入れしてもらうが、「イキグネを維持していくのは大変」と奥様は話された。

最近の住宅は駐車スペースが優先され、場所と手間のかかる生垣は敬遠されがちだ。ましてイキグネにかわるものは何か。思い浮かんだのは、まちづくりが進むおおたかの森の商業施設の、6階建て駐車場の壁面を覆っている蔓性植物の植栽。

一方、防災の面からも生垣の有効性はよく知られていて、市によって生垣を設置すると補助金が出る制度もある。

生垣は今も昔も人々の生活を守りつづけてきた。安心して心やわらいで暮らせるよう、工夫して木や植物を植えて、よりよい風景を作っていけたらと思う。

（岡村純好）

卓球台を作る会社「マツダ工業株式会社」

林業は、樹木を使う昔からの大切な産業である。

最近まで流山街道沿いには製材工場があり、上新宿の金比羅神社に参拝に行くと、チーンチーンと言う製材の音が聞こえていた。

最近はどうかと思い、千葉県ホームページの「2020年農林業センサス確報」を調べてみた。統計表・市町村統計表・表農林業経営体・農林業経営体数の流山市の農業経営体は個人163、団体5計168上がっているが、林業経営体は個人も団体も数値が上がっていない。ゼロである。ちなみに林業経営体は我孫子市3、野田市1　松戸市・柏市無しである。

流山市で林業経営体には入っていないが、林業関連の企業で世界でも有数、日本のトップを走る企業があるので紹介する。

その企業は卓球台を製造しているマツダ工業㈱である。昭和37年に設立した別法人㈲三英商会が販売しSAN－EIの商標で知られている。

2023年4月22日、おおたかの森北の大きな交差点の角地に有るこんもりと大きな木に囲まれた中に木造の趣のある二階建てが立っている。これがマツダ工業㈱本社事務所で、その二階で代表取締役会長松田英男氏からお話を伺った。

その際「日本の卓球台を創った男マツダ工業の創始者・松田英治郎物語」山本文男著1989年12月22日発行と「流山産業人国記」山本文男著、2010年10月4日発行、崙書房出版をお借りした。二冊とも流山市図書館で読むことが出来る。又、流山市ホームページの「昭和の産業史その2」に「東初石ランバーコアの卓球台発祥の地日本の卓球台を創った男」が載っている。

現在SAN－EIの卓球台生産台数は年間約12，000台で日本の占有率は70％で、断然一位である。

世界でも評価が高く、1992年バルセロナオリンピック、2016年リオデジャネイロオリンピック・パラリンピック、2020年東京オリンピック、パラリンピックの卓球台サプライヤーになっている。

かつて国際卓球連盟会長だったの荻村伊智郎氏が「三英の卓球台は世界のトップレベルで、五本の指に入る」と評価していたと言う。

このような企業に成長したきっかけは、先代の松田英治郎氏の時1965年に、卓球台天板の世界標準となった「ランバーコア合板」の特許取得にある。

それまでの卓球台はカツラの一枚板で、割れ目が出来たり板がそり反ったりして、品質に問題があった。一般にベニヤ板とも言われる合板も反りかえる問題があった。それを解決したのが「ランバーコア合板」の

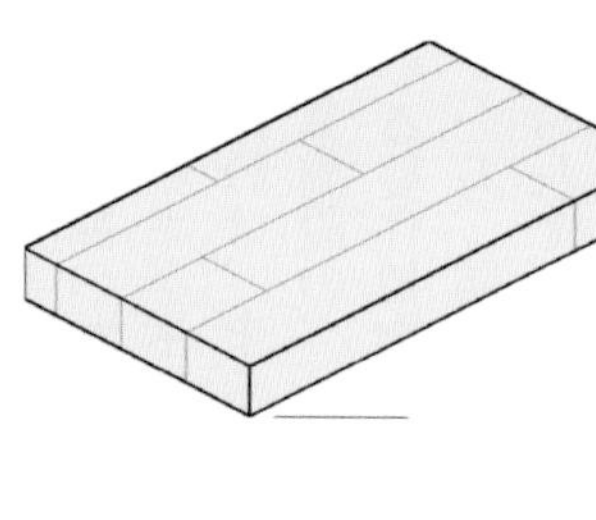

卓球台である。

　学校教育用に楽器などを製造している大手の会社も合板を使って卓球台に進出してきたが、反りが出て手を引いたと言う。

　また、大量に生産する合板の寸法は、９００㎜から９１５㎜で、最大でも１２２０㎜で、卓球台の１５２５㎜幅と違いがあり、大企業により大量生産には向いていないことも有利に働いたようである。

　販売促進については、卓球台を扱う卸問屋が、なかなか相手にしてくれなかったので、直接小売店に話を持って行き、その良さをアピールした。小売店に注文が来ると、卓球台は小売店に渡すのではなく、直接学校などに持ち込み、小売店の手を煩わさないようにした。次第に全国から注文が多くなり、卓球台運搬用に専用車を購入して配達したという。

　卓球台には、大きさや高さの基準は当然有るはずだが、私が気に成ったのは、板が反り返るので工夫したとの話から、表面の平らさに基準は有るのか、そしてどのように測定するのかでした。

　基準と測定の仕方は「卓球台の半面の天板の対角線上に直定規を設置し、天板と直定規の間に発生する最大値と最小値の差は３㎜以下でなければならない」というものでした。お借りした測定画像を示す。

　さて、余談になりますが、今は無き「お化け踏切」についてです。お化け踏切の幽霊は、当時自治会長だったマツダ工業の創始者・故松田英治郎が、あまりに踏切事故が多いので、注意を喚起するために、自費で幽霊二体の制作を依頼して踏切脇に設置したのだと初めて知りました。

　私は実物を見たことが有りません。今回初めてその写真を見ましたので、掲載させて頂きます。

　その成果が有ってか、その後踏切に遮断機が作られたと言う。

お化け踏切が有った位置を次に示す。

（中村　智）

流山市総合運動公園
「キッコーマンアリーナ周辺の緑」
新しい街の緑の起点

流山市では、つくばエクスプレス線の開通に伴い新しい街づくりが進んでいる。総合運動公園は、流山市のほぼ中央に位置し、つくばエクスプレス線「流山セントラルパーク駅」に近接している。駅前に緑豊かな大規模公園があるのは珍しい。鉄道整備と宅地供給が一体化した街づくりにより、以前は市街化調整区域であった公園付近に駅が設けられたためだ。駅名は総合運動公園に由来する。

キッコーマンアリーナは、２０１６年（平成28）４月、新しい街のシンボルとして旧陸上競技場跡地に開館した。市街地の開発と共に人口が増え、街並みと人々の営みが変化していく中、多くの人々が散策やジョギングを楽しんでいる。

アリーナの年間利用者も、コロナの影響時期を除いては、53万人程に達し、約4倍に増加している（開館直後の4年間の平均値）。

公園の修景の中でも、キッコーマンアリーナ周囲の緑は素晴らしい。白い建物に木々が映え、街の発展の様子とともに無地のキャンバスに描かれていくようでもある。

建物の南側は駅からのアプローチで、緑の空間への導入部。（延長約１１９ｍ、幅３～９ｍ。スギ、サワラ、イロハモミジ、ケヤキ、サクラ、ユリノキ、ケヤキ、イヌシデ、エノキ、シラカシ、ヒサカキ、ハンノキ、エゴノキ、ブナ、リョウブ、ムクノキ、アカクロマツ、イヌマキ、カイズカイブキ、アカシデ等、１２６本）

東側は桜並木。春は建物の東側玄関までのアプローチを華やかに演出してくれる。（延長約１２０ｍ、幅３～17ｍ。サクラ、ケヤキ、カイズカイブキ、イロハモミジ、トウネズミモチ、クスノキ等、37本）

北側（古道の諏訪道側）は、ケヤキやクスなどの濃い緑が弧を描き園路に沿って林立している。北風対策の防風林にも見える。（延長約１２０ｍ、幅６～39ｍ。シラカシ、ケヤキ、サクラ、ユリノキ、イロハモミジ、アカシデ、コナラ、クスノキ、シンジュ、クロガネモチ、イチョウ、イヌシデ等、１６６本）

西側は、現在整備中の道路に面した部分で、様々な樹種の中をくぐる緑のトンネルといった感じだ。道路側から歩道部（蓋掛け水路）＋植栽帯＋公園の外周路＋植栽帯＋建物周囲の園路＋建物となっている。細長い緑地帯を三方向から味わえる。歩道部からは、連続するユリの木をはじめとする樹形のスカイライン。公園の外周路からは、石垣と屏風のような緑が広がり、格好の緩衝帯となっている。（延長約２００ｍ、幅10～29ｍ。コナラ、イヌシデ、シラカシ、ユリノキ、イロハモミジ、サクラ、ハナミズキ、クスノキ、サワラ、ケヤキ、ミズキ、ブナ、ネムノキ、アカシデ、リョウブ、コブシ、エノキ等、２１７本）

公園の西部に関しては、敷地の形状に変化がなかったため、１９７６年（昭和51）の旧体育館の開館当時に植えられた木々が活かされている。また、白鳥の羽ばたきを連想させる建物の内部からも、美しい新緑や紅葉など、四季折々の風景が眺められる。秋口のイロハモミジの色合いは、知る人の楽しみとなっている。

開発の進捗と共に失われていく従前の緑の風景が、開発区域内の広大なこの公園に残っている。公園全体や建物を囲む樹木群は、まるで緑のネックレスのようだ。修景はもちろん、騒音や埃などの緩衝帯、日除け、目隠し、防風、二酸化炭素の吸収など、多くの役割や機能を果たしながら施設を優しく包み込んでいる。また、災害時には、市内最大の一時避難場所として市民の命を守る場となる。

植樹より約半世紀の時を経て、今なお成長し続ける緑陰空間は、新しい街の緑の起点として、市街地の整備を力強く見守っている。

（奥田富子）

【取材協力】 流山市まちづくり推進部 みどりの課

【空中写真】 出典～国土地理院

【 流山市総合運動公園（キッコーマンアリーナ周辺）の写真資料 】

1979 年 10 月

2019 年 6 月

西側　2022/10/2

東側　2022/10/2

北側　2023/10/16

北西側　2023/10/16

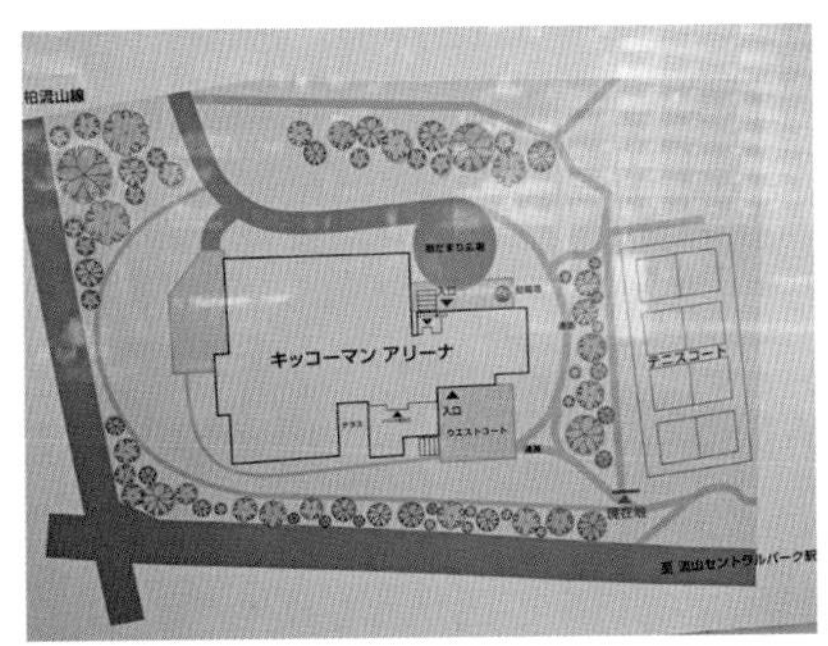

樹木の配置図　2022/10/2

【流山市総合運動公園】

・都市公園
　計画面積１７．９ha（供用約１５．０ha）

・アクセス
　つくばエクスプレス線 流山セントラルパーク駅
　徒歩 7 分／流鉄流山線 流山駅 徒歩 20 分

第３章　松戸市の樹木

松戸
茨城県
埼玉県
東京都
野田
流山
柏
我孫子
鎌ケ谷
白井市
印西市
市川市
船橋市
八千代市
0
10km
N
流山市
柏市
埼玉県
三郷市
江戸川
中金杉/広徳寺の香椿(チャンチン)
中金杉/医王寺のモミジとカヤ
新松戸/大谷口新田稲荷神社のクロマツ
平賀/本土寺と参道
大谷口/大勝院のイチョウとヤマザクラ
幸谷/関さんの森
幸谷/福昌寺のモッコクとイチョウ
新坂川のサクラ並木
千駄堀/21世紀の森と広場
流山電鉄流山線
JR武蔵野線
JR常磐線
国道6号線 水戸街道
流山街道
小金城趾駅
北小金駅
幸谷駅
新松戸駅
馬橋駅
常盤平駅
小金北中学校
小金北小学校
殿平賀小学校
大谷口歴史公園
県立小金高等学校
小金中学校
横須賀小学校
小金小学校
新松戸西小学校
流通経済大学新松戸キャンパス
新松戸南小学校
新松戸南中学校
幸谷小学校
小金南中学校
根木内中学校
根木内小学校
テラスモール松戸
八ケ崎第二小学校
栗ケ沢小学校
貝の花小学校
栗ケ沢中学校
松戸東警察署
八ケ崎小学校
第三中学校
旭町中学校
馬橋小学校
松戸馬橋高等学校
旭町小学校
日本大学松戸歯学部付属病院
古ケ崎小学校
古ケ崎中学校

「国土地理院発行５万分の１地形図」を基に作図

二十世紀梨の原木（国指定天然記念物）

所在地　松戸市二十世紀が丘梨元町
指定　１９３５年（昭和10）

日本の梨は徳川時代の前半には、果樹として栽培され、明治前半期の栽培品種の大部分は徳川時代の後半期の育成の物であった。

菊池秋雄によれば神奈川県橘樹郡大師河原村（現川崎市）では、今日享保年間に既に梨を栽培しており、東葛地域にも近隣産地である大師河原村の品種が栽培されており、交流があったことがうかがえる。明治27～28年頃、大師河原村において、当麻長十郎（赤梨）が発見した品種である。30年ごろから果実の需要の増加に伴い急速に普及し、明治末には主要品種となっていた。

これに対し、「二十世紀」（青梨）は、松戸市の松戸覚之助によって１８８８年（明治21）に発見された。これは覚之助が13歳頃の出来事であった。（覚之助は明治8年父伊左衛門、母くまの長男として生まれた。）覚之助は１８９０年（明治23）に松戸高等小学校を卒業しているので、13歳とは高等科（4年制）2年の時である。

ある日、分家の石井佐平宅に行っての帰り、ゴミ捨て場近くに生えている梨の若木2本を見つけ、もらい受けて帰るのであるが、覚之助の父は2年前の１８８６年（明治19）に梨栽培を始めたばかりであった。覚之助は父の梨園の手伝いをしながら、子ども心にも梨園を大事にし、大きくしたい希望に燃えていたのであろう。早速2本の梨の若木を梨園に植えた。ところが、その梨の若木は、覚之助の希望にもかかわらず黒斑病に弱く、その被害を受けて思うように育ってくれなかった。しかし、自分で植えた若木という愛着から根気よく手入れをしたので、その甲斐あって１９８９年（明治31）に初めて結実し、何個か成熟した。この果実は、上品な甘さと十分な果汁に恵まれ、果肉も柔らかく他の品種にない優れた特質を備えていた。覚之助は、早速東京大学やその他の専門家に送って批評を乞うたのである。当時果物栽培に興味を持っていた大隈重信などにも送って賛辞を受けたという。その頃、覚之助は梨園を錦果園と名付け果樹苗木の生産販売を始めていたが、その同業者で熱心な園芸家でもあった東京興農園の渡瀬寅次郎にこの梨の取扱いを相談した。渡瀬寅次郎は、１９０４年（明治37）東京帝国大学助教授池田伴親と相談して、「二十世紀」と命名した。それまでは、この梨を青梨、新太白と呼び、既に苗木を育てて分譲していたのであった。

なぜ「二十世紀」という品種名を付けたといえば、当時この梨の右に出るようなものがなく、間もなく二十世紀を迎えるのに将来これに優れるものは現れないであろうという意図で命名した。さらに、渡瀬寅次郎は、自分の発刊している興農雑誌に本種の優秀なことを紹介した。そのような宣伝も効いて、錦果園には、「二十世紀」の苗木や穂木の希望者が殺到した。別に全国の有名な梨の栽培地に苗木を送って試作まで依頼していた。

松戸覚之助と二十世紀梨の展示（松戸市博）

1905年（明治38）、奈良県で果樹園経営と種苗販売も兼ねている薬水園の奥徳平にも送っていた。薬水園ではこの梨に「凱旋」と名付けて発表した。そのため品種登録上の本家争いを起こし、のちに訴訟問題にまで発展するのであるが、菊池秋雄らの調査の結果、覚之助の「二十世紀」が本家であることが証明されて、一件落着するというように、当時は業界注目の品種であった。

しかし、「二十世紀」は、傑出した品種と認められながらも、県下ではボルドー液をその発育中に20回以上も散布しなければならないなど防除技術が発達していなかったこと、千葉県の夏季が多温多湿であることによって、黒斑病の発生が致命的な障害となり、当時県下や東日本では普及を見なかった。

これと反対に、梅雨期に雨の少ない日本海側では薬剤散布が少なく済むので、鳥取県や新潟県で増殖されていった。鳥取県に「二十世紀」を最初に導入したのは、1904年（明治37）鳥取県の苗木商の北脇永治が、覚之助の錦果園から苗木10本を購入したことに始まっている。

だが、それまでの袋掛けの材料であった新聞紙や官報に柿渋やエゴマ油を塗った袋では、黒斑病菌の侵入を防ぐことはできなかった。その結果、パラフィンを塗布した袋にまで発展させるなど、梨栽培の技術向上に役立った品種かもしれない。それは、1915年（大正4）農商務省農事試験場技術師の卜部梅乃丞の研究によるものであった。

大正から昭和初期には、太白、博多青が植栽され、次いで二十世紀の台頭となり、大正末にはこの品種を植栽する産地が増加してきた。

さて、話は戻って覚之助がゴミ捨て場からもらってきた二十世紀の原木は当初2本あった。その1本が文部省から天然記念物の指定を受けた。それは、1930年（昭和5）千葉高等園芸学校教授の三木泰治の調査に発端している。当時三木の原木調査の記録によると、「樹型は関東式の棚作整枝で地上1尺2寸（約40㎝）の部位における幹の周囲2尺8寸4分（約90㎝）地上4尺9寸（1ｍ50㎝）のところから主枝を出し、東西の開張25尺（約7ｍ60㎝）南北の開張（約7ｍ90㎝）であり、既に老齢のために新梢の萌出極めて少なく多数の短果枝を簇生し、やや衰弱の微候を呈している。1918年（大正7）頃が原木の最盛期で袋掛け数も1500ヶ余であったが、1930年（昭和5）には800ヶ程度に衰えていた。」松戸覚之助（二代目）は、1935年（昭和10）三木泰治の奨めによって原木の天然記念物指定の申請を行った。その年文部省天然記念物審査員の三好学等の調査や京都帝国大学教授の菊池秋雄の調査により、同年12月官報告示により、天然記念物の指定を受けた。

二十世紀梨の原木（天然記念物）

この頃から原木はさらに衰弱した結果、量を一層制限するなど丁重な管理を繰り返したが、1943年（昭和18）以降は第二次大戦の終局に近づくに従い、物資の不足や人手の不足もあって管理が行き届かず、その上アメリカ空軍の焼夷弾の被害もあって、1947年（昭和22）に枯死してしまった。

戦後の日本の梨栽培は回復を見せ、長十郎と二十世紀の2品種が主であった。1953年（昭和28）頃には、二十世紀の植栽面積がトップとなった。1963年（昭和38）頃には、労働力不足による生産費のかかる二十世紀の新植が減り、無袋栽培の可能な長十郎が関東地方においては増植され、二十世紀の栽培面積を上回るようになった。

なお、松戸覚之助が二十世紀の原木を植えた場所は、現在は二十世紀公園（松戸市立大橋小学校に隣接）として整備され、標柱や記念碑がある。

二十世紀梨の原木の場所

平成に入り、枯死した二十世紀の原木の一部2002年（平成14）7月15日に松戸市有形文化財指定）と梨棚が松戸市立博物館に展示されている。

一方、2001年（平成13）に二十世紀梨の主産地である鳥取県倉吉市に「鳥取二十世紀梨記念館なしっこ館」が日本で唯一「梨」をテーマにする博物館としてオープンして、梨の由来などを伝えている。

アクセス　二十世紀公園は、北総線北国分駅徒歩15分、松戸市立博物館は、JR新八柱駅・新京成線八柱駅徒歩15分

【引用文献】『千葉県果樹の歩み』千葉県果樹園芸組合（昭和54年）、特別展図録「はばたけ二十世紀梨―松戸覚之助君の大発見物語―」松戸市文化ホール（平成2年）、『鳥取二十世紀のあゆみ七十年』鳥取県果実農業協同組合連合会（昭和48年）、『日本ナシ生産の実際』猪崎政敏編著　博友社（昭和60年）他

松戸市立博物館にある二十世紀の原木の一部

（中山正則）

医王寺のモミジとカヤ

医王寺は、江戸時代の初め、寛永年間（１６２４〜１６４４）に、現在の土地に創建された。

当時この土地では疫病が流行していたが、そこに越後国（現・新潟県）から不動明王像を背負った僧侶がやってきた。

この僧侶が不動明王に祈願すると、疫病が鎮まったので、このお不動様を当地で、祀ることにしたのが、医王寺の始まりである。

信仰の篤かった高木治右衛門吉久が、現在の境内地を寄進し、堂宇を建立して病を鎮めたことから医王寺の名が付いたという。

また松戸七福神の一つで、毘沙門天を祀っていることでも知られている。

最寄り駅は流鉄の小金城趾駅で、徒歩13分の場所にある。

松戸市の最北端、下総台地の縁に位置しており、かつては大変見晴らしのいい場所だったと推測される。

医王寺のモミジは山門から入って、10数メートル先の右手にある本堂の手前右手にあり、根元近くで、幹が多数に分岐している。

モミジ

モミジの葉

周囲を竹垣で囲んでいるため、実測は出来ないが、松戸市で発行している資料によると、樹高は７ｍ、幹回りは２８４㎝である。

樹齢は不明で、樹高もそれほど高くないが、一目で古木とわかる風格のある姿をしている。

モミジの脇には、松戸市の保護樹木に指定されている旨を記した緑の看板が付いているので、すぐに見分けがついた。

モミジと同じく松戸市の保護樹木に指定されているのが、カヤである。

こちらも竹垣で囲われており、実測は出来ないが、目視では樹高15ｍ、幹回りは２００㎝である。

（石井一彦）

カヤ

カヤの葉と実

福昌寺のモッコクとイチョウ

福昌寺は、安土桃山時代、天正5年（１５７７）創建の曹洞宗の寺で、中金杉の広徳寺七世峰山雄鯨禅師により開山された。

最寄り駅はＪＲ新松戸駅で、武蔵野線に沿って、新八柱方面に向かって歩いて、徒歩11分の高台にある。

近隣には「関さんの森エコミュージアム」があるが、江戸期に幸谷村の名主を務めた関家と福昌寺の関係は深く、渡辺尚志『殿様が三人いた村』（崙書房出版）に、詳述されている。

観音堂にある行基作と伝えられる「幸谷の黒観音」は古くから信奉を集め、遠く埼玉県からも参拝があった。

また、幕末から明治初期には寺子屋が開かれ、学問所としてもよく知られたという。

入り口が分かりにくく、周辺を何度も往復してしまったが、車がやっと1台通れる幅の武蔵野線の跨線橋を渡って、境内に入ると、左手が本堂、右手は観音堂に分かれている。

観音堂の手前右側に、モッコクとイチョウの木が並んでいる。

モッコク

モッコクの葉

モッコクは松戸市の保護樹木に指定されている。幹回りは２１８㎝、高さは15ｍである。サイズとしてはそれほど巨木ではないが、写真の通り、大変見事な枝ぶりで、その姿を始めて見た時、何か、神々しいものを感じ、心を打たれた、境内で最大の樹木がイチョウである。こちらは樹高が30ｍ、幹回りは３１４㎝の巨木である。

樹齢は不明で、保護樹木の看板は見当たらなかった。

現在は家並みに隠れて、近くに行かないと存在に気づかないが、かつて、周辺に高い建物のない時代には、福昌寺のランドマークとして、大変目立つ存在であったと思われる。

（石井一彦）

イチョウ

イチョウの葉

大勝院のイチョウとヤマザクラ

大勝院は今から約５００年前、高城氏の根木内城の祈願寺として、現在の麗澤大学のキャンパス内に創建され、やがて城域拡大にともない、１５３０年に高城氏が本拠地を大谷口城（小金城）に移転した時に、寺も移転し大谷口の現在地に開山された。

中世の山城の城郭内であり、周囲は松戸市保護指定の保護樹林の自然豊かな森の中に位置している。

最寄り駅はＪＲ北小金駅で、徒歩11分であるが、流鉄の小金城趾駅でも徒歩12分で、２線利用可能である。

イチョウ

イチョウは山門を入って、数メートル先の右手にあり、巨大である上に、しめ縄が張られているので、大変目立っている。

幹回りは４７０㎝、樹高は目測で20ｍである。

松戸市の保護樹木に指定されており、松戸市内最古と言われ、樹齢は５～６００年とみられる。

さらに大勝院には、同じく松戸市の保護樹木に指定され、イチョウよりも樹齢の大きいヤマザクラがある。

イチョウ近景と本堂

ヤマザクラは野生さくらの代表で、山地に自生し、古くから日本人に愛好されている。

こちらのヤマザクラは樹齢７５０年と言われており、山門を入って左手に植えられている。

幹回りは２４８㎝、樹高は８ｍで、幹の一部には朽ち果てた部分もあるが、周辺に大きく枝が広がり、古木らしい風格のある姿が印象的である。

（石井一彦）

ヤマザクラ

大谷口新田稲荷神社のクロマツ

大谷口新田稲荷神社は新松戸地区の最西端にあり、流山との市境に近く、常磐線の新松戸駅から新京成バス「新松戸七丁目」行きのバスに乗り、「坂川」の停留所を降りて、大規模マンション街を抜け、約3分歩いて到着する。

現在の流山市木から松戸市古ケ崎付近までの、江戸川と坂川にはさまれた地域は、江戸期に新田開発が進められ、下総台地に対して下の谷「したや」と呼ばれた。

現在は新松戸地区の一部になっている大谷口新田は江戸期初頭の寛永6年（1629）に旧小金城主高城氏の家臣がこの地に定着し開発したのだが、洪水が多発する地域で、開発は困難を極めたので、息災安穏五穀豊穣を祈願して、祠を建てたのが、神社の始まりだという。

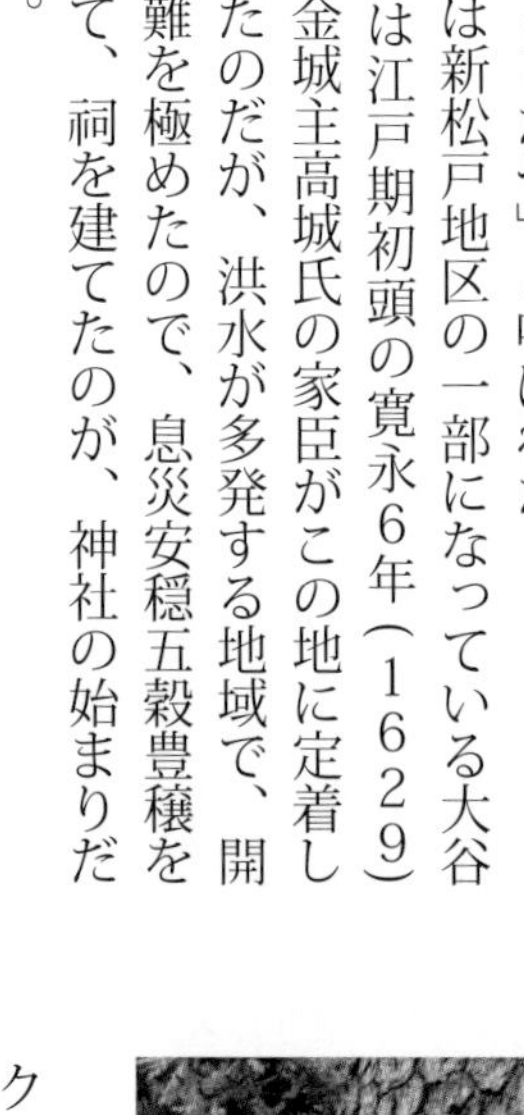

神社正面（左が保護樹木）

社務所裏の保護樹木

クロマツは樹高15mクラスだけでも7本あり壮観であるが、そのうち3本が松戸市の指定保護樹木となっている。

幹回りは、いずれも160㎝前後である。

筆者が新松戸に隣接する大谷口に住み始めた1972年当時は、このあたりの地名は大谷口新田で、新松戸郷土資料館発行の『下谷の歴史　干潟のゆくえ』によれば、1979年に現在の新松戸1丁目～7丁目に変更されたという。

初めてこの神社を訪れた際、50年以上前に見た記憶のある新松戸地区の原風景が、ここには微かに残っていることに軽い感動を覚えた。

神社南側の風景

また、訪れた神社に隣接するあじさい公園では、大勢の小学生が遊んでいている様子も、神社の境内で子どもが遊んでいた昭和時代にタイムスリップしたようで面白かった。

あじさい公園側から見た神社と鎮守の森の風景

今回の取材により、マンション以外は何もないと思っていた新松戸7丁目に、心和む場所を発見したのは、嬉しい誤算であった。

（石井一彦）

広徳寺の香椿（チャンチン）別名唐変木

流山電鉄「小金城址駅」から徒歩数分、松戸市中金杉の高台にある曹洞宗金龍山広徳寺は、小金城を治めた高城氏の菩提寺として知られる名刹である。

この寺に「唐変木」と呼ばれる珍しい木がある。参道を進むと、鐘楼の屋根をはるかに超える高木が目に飛び込んでくる。木の前に「香椿チャンチン（中国産）別名唐変木」と書かれた木札が立っている。

高さ約25ｍ、太さは1・8ｍあり、根元から4本の幹が株立ちしている3月下旬頃にさくら色の若葉を付ける。桜の花かと見紛うが葉である。1週間程で葉は、黄緑、濃い緑色と徐々に変わっていく。7月に枝先に白い5弁の小さな花を付け、秋に黄葉後休眠するが、真冬の凛として直立する裸木の香椿も美しい。葉は10㎝程の楕円形で、漆によく似ている。

香椿の字面から、椿を思い起こすかも知れないが、香椿はセンダン科の落葉高木で、椿とは似ても似つかない。ただニンニクのような独特の匂いがある。中国では若芽を胡麻和えや、サラダなどにして食べ、樹皮は漢方薬に使われる。

3月の若葉

遠くから見たら桜

濃い緑に

江戸時代に渡来したといわれる香椿だが、広徳寺の香椿はいつ誰が植えたのか、石川光学東堂にお聞きした。「昭和の終わり頃、檀家のある女の方がどこかから持って来て植えてくれました」と話す。とすると広徳寺の香椿の樹齢は、35年くらいだろうか。石川さんは香椿の若芽を食べたことがあるそうだが口に合わなかったという。

色付き初め

下から見ると

本名の「チャンチン」より、唐変木と呼ばれるのは「中国から来た、見たことのない変な木」ということで、気のきかない、偏屈な人などを嘲笑って言う唐変木とは全く関係ないようだ。

３０００坪の境内には、樹齢４００年を超える銀杏や多くの高木があり、四季折々を彩る花も楽しめる。

（関本いずみ）

旧齋藤邸、梅の古木

樹齢200年を超える

徒歩ルート

旧齋藤邸は松戸市紙敷にあり、JR武蔵野線と北総線（成田スカイアクセス線乗入れ）が交差する「東松戸駅」が最寄り駅。

駅前ロータリーを出て左折、県道51号・市川柏線との交差点を直進。40m先の右折路を道なりに500mほど進むと、「眞隆寺」の通り左手の「旧齋藤邸へ」という矢印標敷を左折し、小路の古道を道なり200mで、旧齋藤邸の正門前に着く。徒歩、約10分。

文化財の公開と活用展開

元々、旧齋藤邸は1901年（明治34）に建てられた。主屋（母家）と離れ、庭園、竹林等を含めた敷地面積が凡そ5，500㎡あり、広い。特に茅葺屋根の邸宅は優美な光景だ。庭園には樹齢を重ねた古木の大樹がある。

旧齋藤邸正面

1964年（昭和39）、芝浦工業大学教授であった齋藤雄三氏がこの邸宅と当地の魅力に駆られて買上げし、都内文京区から移住した。齋藤夫妻は茅葺の吹き替え以外、大幅な改修工事を好まず、周りの自然環境に融合する志向を採った。こうして旧齋藤邸は、明治後期の貴重な古民家として遺された。

時を経て、旧齋藤邸は主の雄三氏と妻トシ氏の死没後、1998年（平成10）にすべて松戸市に遺贈された。

2017年（平成29）3月、旧齋藤邸は松戸市初の「国登録有形文化財（建築物）」に指定された。以後、松戸市が旧齋藤邸の公開と活用に向け、周知を図った。先ずは見学者への情報サービスのため、専門ガイドを配置した。更に竹林を利用し、当地特有の「竹紙作り」の体験学習など、好評を博している。

長寿の梅の木

さて、本論の梅の古木につき、述べる。旧齋藤邸の庭園には、幹が黒々とした梅の古木が2本ある。ガイド氏によれば、2本とも樹齢200年を超える判定が出たという。

1本目は庭園正面にある。太い幹の根元部分から枝分かれした亀裂と、樹幹部分の空洞化に目を見張った。それでも枯死せず、生き抜いて来た。毎年、春には開花し人を呼ぶ。

その梅の古木は支柱で支えられているものの、倒木の恐れがあり、手持ちの計測メジャーの使用も控えた。目視での幹周りは凡そ3・4mと推定、高さは約5・0mと見た。

2本目は庭の東側にあり、陽当りが良いせいか、高さが6m余ある。幹周りは4・1mある。その姿形は堂々として目立つ。かつて東側にあった隣家の大きな納屋が取り払われ、存分な陽光を受け、庭園の木々が生長したという。樹木・植物は「向光性」による生育が必須とされる。

水については、下総台地の樹林から湧き出る地下水系から恩恵を得ていると考えられる。

水戸市の偕楽園には、樹齢を重ねた古木の梅林が広がっている。樹木管理者に「樹齢200年以上の梅の古木の有無」を電話で尋ねた。

旧齋藤邸、古木の梅

当時の藩主・徳川斉昭が偕楽園を開園したのが1842年（天保13）を鑑み、「樹齢は200年以内」とのことであった。旧齋藤邸の梅の古木がかなりの長寿といえよう。

（上野健夫）

【ガイド】 旧齋藤邸：入場無料　開邸日：火曜～土曜10時～16時まで（日曜・月曜・祝日は休み）
お問合せ：047-382-5570

（松戸市文化財保存活用課）

矢切の斜面林

台地を守る樹高の木々

矢切の斜面林は、松戸市下矢切にある。JR松戸駅西口より市川駅行の京成バスで15分余、「下矢切バス停」下車。県道を横断し、矢切神社の前を道なりに進むと、跨線橋(こせんきょう)に到達。右手高台に伊藤左千夫の名著『野菊の墓』の舞台地で眺望の良い「野菊苑」があり、左手の西蓮寺には「文学碑」がある。名作は読み継がれる。多くの人がここを訪れる(注1)。

矢切の急斜面林

斜面林の連(つら)なり

この一帯は下総台地が延伸した地勢にあり、松戸市南部の、栗山から矢切に向かって張り出す高台を形成する。江戸川堤や常磐線車窓から眺める目には、矢切台地の斜面林の連なりが〝半島〟のようなイメージに映る。

この台地頂点(標高25m)から下る坂道は、「大坂」と呼ばれる急坂(注2)で、この斜面には、木々が生い茂っている。この山林全体を「矢切の斜面林」という。樹高の高い木で20mくらいあり、幹幅は太いもので5mから6mと見た。樹齢も古く、100年を越えていると推定される。

地盤強化のシイノキ、コナラ、クヌギ

矢切台地を形成する樹木はシイノキ、コナラ、クヌギなどである。シイノキは、シイ(椎)、スタジイ(すだ椎)とも言い、ブナ科シイ属の常緑広葉樹である。この樹木は成長が早く、材質が硬く、シイタケ栽培の原木に適した。シイタケは健康食として好まれ、原木の需要が高まった。また、丈夫なことから街路樹、公園などの植樹に適しているという。

コナラ(小楢)は、ブナ科コナラ属の落葉高木(こうぼく)で、ナラともいう。コナラというのは、果実のドングリと葉が小さいからとされる。この樹木もシイタケ栽培の原木に使われる。もう一つのクヌギ(椚)は、これもブナ科、コナラ属の落葉高木で、景観の良い樹木として評価が高い。また、カブト虫やクワガタなどの甲虫類のほかチョウ、ハチが樹皮から出る樹液を摂(と)る。木材は家具などの原材料に使われる。

深く根付いた「矢切の斜面林」は、強風暴風に対する防風林として、斜面の地盤強化、崩落防止、緑地保持(水源)など、多大な役目をもつ。また、多様な生きものの生息地でもある。

特別緑地保全地区

都市緑化には開発規制が求められる。松戸市は「栗山斜面林」(2・0ha)を平成20年3月に、「矢切の斜面林」(1・9ha)を平成23年3月に「特別緑地保全地区」に指定した。この施行により、何れの斜面林の木々も保護対象となり、事由なく伐採は不可となった。これも地権者の理解をはじめ、周辺住民の協力による。

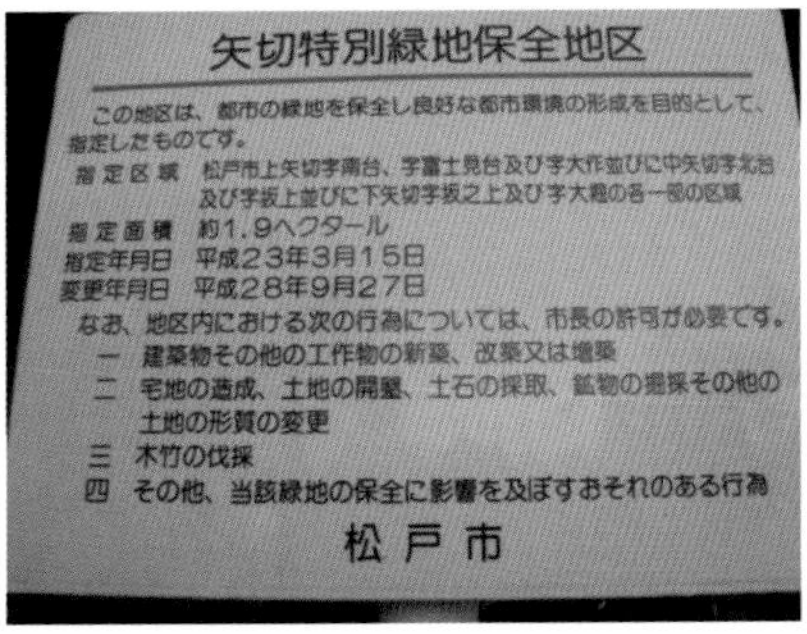

【注1】流山市立博物館友の会では、令和2年11月に訪ねた。

【注2】流山市立博物館友の会編『東葛坂道事典』松戸市「大坂」78頁参照

(上野健夫)

旧徳川昭武庭園（戸定邸庭園）

所在地　松戸市松戸６４２―１
国の名勝指定２０１５年（平成27）３月10日

戸定邸庭園の正門

　戸定が丘歴史公園（とじょうがおかれきしこうえん）として、戸定邸と旧徳川昭武庭園（別称は戸定邸庭園）、戸定歴史館（博物館）、松雲亭（茶室）から構成されている。日本の歴史公園１００選に選定されている。１９９１年（平成３）11月３日に戸定邸の周囲２・３haの敷地が歴史公園として整備され一般公開となった。戸定邸（とじょうてい）は、千葉県東葛飾郡松戸町松戸（現在の松戸市松戸）に水戸藩最後（11代）の藩主であった徳川昭武が造った別邸。国の重要文化財の一つであり、指定名称は旧徳川家住宅松戸戸定邸。庭園は旧徳川昭武庭園（戸定邸庭園）として国の名勝に指定されている。また関東の富士見百景に選定されている。

　松戸宿は江戸時代には江戸と水戸を結ぶ水戸街道の宿場町であった。戸定邸付近に位置する松戸神社には水戸藩２代藩主徳川光圀ゆかりの銀杏の樹があるなど、古くから水戸藩とつながりの深い土地であった。戸定邸は１８８４年（明治17）江戸川をのぞむ下総台地上に完成し、徳川昭武の生活の場として使われた別邸となっている。戸定邸の「戸定」とは「外城」に由来し、戸定邸のある高台・戸定台は、一帯に築かれた松戸城（松浪城）の外郭に位置したと西方に広がる江戸川の川面を近景として、その遥か彼方に富士山をも遠望できる立地を活かし、主屋の南の緩やかに起伏する芝生地とその縁辺を彩る一群の植樹、西側の傾斜面の常緑・落葉広葉樹を中心とする豊かな樹叢などから成る風致に富んだ景観構成を持つ。

　明治30年代に実兄である元将軍徳川慶喜が何度も訪れ、徳川昭武とともに趣味の写真撮影や狩猟、陶芸などを楽しんだ。また、多くの皇族が長期に滞在するなど、由緒のある屋敷として知られた。１８９２年（明治25）、徳川昭武の子の徳川武定が特旨によって子爵を授けられると、以後は松戸徳川家の本邸となった。

　芝生が植えられた現存する洋風庭園としては日本最古とされる。徳川昭武がフランス留学など約5年間の欧米滞在やパリで開催されたパリ万国博覧会に出席した際などで見聞きした知識を取り入れて１８８４年（明治17）から本格的な造園が行われ、６年後の１８９０年（明治23）に完成した。戸定邸に接する書院造庭園と、その南に広がる東屋庭園の２つの区画に分かれている。

洋風庭園の樹木

庭園様式は、大きな芝生を中心とした平地部分となだらかな築山を配した部分からなり、芝生地の中の象徴木としてイヌマキの植栽は特異的な景観を形づくっている。また、庭園は、スダジイ、クヌギ、コナラなどから構成される林によって囲まれている。日本庭園の伝統的技法となっている借景をとり入れ、高台の優れた景勝地を選び、田園風景を十分眺望できるような設計がされている。

主屋の南に広がる起伏のある芝生地とその縁辺を彩る植樹や西側傾斜地の豊かな落葉・常緑広葉樹林、眼下に江戸川、遥かに富士山を望む借景は風致に富む景観を構成しており、明治期の庭園の特質をよく表しています。昭武は隠居した後の1884年（明治17）から1886年（明治19）に居宅の建築、1890年（明治23）頃には庭園を含む敷地全体の造作をそれぞれ完了した。

西側傾斜地の豊かな落葉樹

昭武が亡くなった1910年（明治43）以降は次男の武定（たけさだ）が邸宅・庭園を譲り受け、第二次世界大戦後の1951年（昭和26）に松戸市に寄贈した。その間、昭武が手掛けた敷地の主たる地割に大きな変更が加わることはなく、築造当初の庭園の意匠・構成の特質は今日に至るまで良好な状態を維持し続けてきた。

洋風庭園の樹木

徳川昭武が撮影した写真を基に、盛り土を削り、飛び石や樹木などを往時のように復原する工事が2018年（平成30）5月に完了した。借景を主体とする簡素で平明な意匠・構成は同時代の庭園の特質をよく表しており、芸術上の価値及び日本庭園史における学術上の価値は高い。その芸術的な価値、日本庭園史における学術的価値が評価されて国名勝指定につながった。アクセスは、松戸駅東口徒歩10分。

（中山正則）

【引用文献】『戸定邸（旧徳川昭武松戸別邸）保存修理工事報告書』松戸市（平成5年）他

浅間神社の極相林（県指定）

所在地　松戸市小山６６４の１
指定　１９６６年（昭和41）12月２日

浅間神社の正面鳥居

常磐線の上り電車が松戸駅を出て、すぐ左手の車窓に見えるのが浅間神社の森である。海抜30ｍ、周囲は20度以上の勾配がある小丘で、北に常磐線、南に国道６号で囲まれている。土地の形は卵型で、面積約９８００㎡。南西斜面下に鳥居、続いて石段でできた参道、頂上には本殿がある。祭神は、木花咲耶姫命。古くから葛飾における富士山信仰の中心の一つで、江戸時代、正保年間（１６４４～１６４８）から、約３００年間信仰により境内は保護されてきた。

この林は、南東から南西斜面は常緑広葉樹林、東から北西斜面は落葉広葉樹林である。

南東から南西斜面は、樹高14～16ｍのアカガシ、タブノキ、スダジイ、ヤブニッケイによる林である。アカガシやスダジイには胸高直径70㎝を超える樹もみられる。亜高木層も上記種類で構成されている。ヤブニッケイがこの林内で一番個体数の多い木である。低木層には、モチノキ、アオキ、スダジイ、アカガシ、ヤブツバキ、ヤツデなど。草本層には、テイカカズラ、ベニシダ、シュロが見られるが量的には少ない。林の種類組成から、この林がこの地域の極相林であることを示している。

北東から北西斜面は、ムクノキ、ケヤキ、イロハモミジなどが樹冠を覆っている。特にムクノキは、胸高直径１７０㎝

浅間神社の極相林（遠景）

の大木も見られる。樹高も20ｍに達するものもある。亜高木層には、胸高直径10～20㎝のヤブニッケイが多い。ヤブツバキは少ないが、胸高直径30㎝くらいのものがある。そのほかに、モチノキ、カヤ、シロダモ、ムラサキシキブ、スダジイが見られる。低木層には、ヤブニッケイ、アオキ、ヤブツバキ、シロダモ、シラカシなど。草本層には、ベニシダ、コブシ、タブノキ、シュロ、サルトリイバラ、キヅタ、テイカカズラ、ジャノヒゲ、イノコズチ等が見られる。

この落葉広葉樹林は、かつては、南側と同じ極相林であったところが、何らかの原因で林が破壊され、その後に生じた二次林と思われる。これは、下総台地の斜面林に似ていて、遷移の回復への過程を示していると思われる。林縁部には、アカメガシワ、ヌルデ、エノキなどが生育している。この社叢は、上記のような2つの型の林からできていて、生態学上の遷移過程を知る上で貴重であり、この地域には稀な極相林を示していることで、天然記念物指定を受けた。

現在は、都市開発が進み、舗装道路のため、林内の乾燥化が進み、林床植生の貧弱さが見られる。また、国道6号の排気ガスの影響も見られる。市街地に残された貴重な林ゆえ、早急な保全対策が求められている。

アクセスは松戸駅東口徒歩20分

（中山正則）

【引用文献】『千葉県の自然史』本編1（平成8）

松戸の貴重な里山
関さんの森

「関さんの森」は、関家の名字から名付けられ、「屋敷林」、「関家の庭」、「むつみ梅林」、「エノキの森」、「クヌギの森」などから構成される都心に近い約2.1 haの貴重な里山である。

関家は江戸時代から続く地元の名主であった。先代の関武夫さんが都市化によって失われた自然の遊び場をこどもに提供するために所有する現在の「屋敷林」約1・1 haを、1967年に「こどもの森」として松戸市を通じて開放した。1994年に武夫さんの死去により、関家は武夫さんの遺志を継ぎ、「屋敷林」を森のまま永遠に残すことを条件に1995年に自然保護団体である公益財団埼玉県生態系保護協会へ寄付。これを機に、里山の保全のために集まった地元の人たちが、翌年の1996年に「関さんの森を育む会」と呼ばれる市民団体を設立し、「関さんの森」の維持管理などを行っている。また、現在は「屋敷林」と隣接する関家の樹林地約1・7 haが松戸市の「特別緑地保全地区」に指定され、地元や近隣の市の人たちから「関さんの森」は『自然のままの森』として親しまれ、憩いの場所となっている。

そこで、「関さんの森」にある樹木の中で大径木（胸高直径50 cm以上）を区分ごとに印象に残った大木や老木を挙げてみた。

むつみ梅林

市道46号線（後述）沿いにある「むつみ梅林」の名称は、「どんな野草もみんな大切な生き物たちなのです」と、常日頃から生き物たちに優しい眼差しを持ち続けた武夫さんの次女、睦美さんの名前に因んでつけられた。

この梅林には1980年に植えられた梅が今も約100本残っており、品種は、白加賀、豊後、南高で、高さは3～4 mほどの落葉小高木で、早春には白色や淡紅色の花が開き、通り行く人たちを楽しませてくれる。

ケンポナシ（玄圃梨）

「むつみ梅林」中にケンポナシの親株と子株がある。親株は、樹高約15m、樹齢200年以上、幹周約230 cmの老木で、「関さんの森」のシンボルとなっている。過去に、落雷や強風などによる損傷で幹が折れ、中心が空洞になっている（写真①）。今も数本の大きな枝をつけた樹形（写真②）は強い生命力を感じさせられる。このケンポナシの樹齢は千葉県で最大と言われている。

主幹が空洞になっているケンポナシ①

ケンポナシの樹形②

元々、この親株は、関家の前を通る細い旧道（市道1地区1086号線）の側にあった。1964年に決まった都市計画道路3・3・7号線の事業計画により、関家の屋敷を通る直線道路をつくることになったが、道路建設を巡って行政側の松戸市と民間側の関家・「関さんの森を育む会」との間で、長期間にわたる壮絶な話し合いの末、2009年に新設道路は、屋敷の外側を迂回する形で合意し、翌年の着工に併せてやむを得ず2010～2012年にかけてケンポナシを伝統的な立て曳き工法によって現在の位置に移植されたのである。（口絵写真参照）

新設道路の正式名称は、2021年1月に主要幹線1級市道46号線に改められた。また、この道路建設の経緯について、関啓子さん(武夫さんの三女)が、2020年1月に上梓した『関さんの森の奇跡』に詳しく記述されている。

ケンポナシ(別名　テンポナシ)は、クロウメモドキ科ケンポナシ属の落葉高木である。樹皮は暗褐色で縦縞があるが、古木のため縦に浅く裂け、薄く剥がれている。6～7月に淡緑色の小さな花が咲き、9月～11月に直径数ミリの黒紫色の果実をつけ、熟すと果梗とともに落下する(写真③)。肥大した花梗は、ナシ(梨)のように甘くなり食べられる。

昔は、この甘味はこの周辺の子供たちにとっておやつになったようである。訪れたこの日は、枝先に沢山の房をつけており、地面にも熟した房が辺り一面に落ちていた。その一つを拾って食べてみたが確かにほんのりと甘さを感じた。

ケンポナシは、葉の形状にも特徴があり、

ケンポナシの花梗と果実③

主脈が3本あることから地元の幸谷小学校の校章(写真④)は、周辺地区の幸谷、二ッ木、三ケ月(みこぜ)の三つの地区になぞらえてデザインされた。このことからしてもケンポナシは地元の人たちにとってゆかりが深いものとなっている。

幸谷小の校章④

関家の庭

昔は、シゲの家とも呼ばれた関家は、初代関武左衛門が分家してこの地に住み、8年後の1785年に母屋と蔵を建てた。関家は代々「武左衛門」と名乗り、幸谷村・曲淵氏知行地の名主であった。母屋は、かつては200年ほど経った茅葺きの曲屋で、松戸市が調査した古い民家10軒の一つに挙げられた。曲屋は東北地方に多く、農耕馬が同じ屋根の下で飼われていた。

母屋の茅葺き屋根の腐朽で、武夫さんの時に同じ茅葺きでの再建をしようとしたが、職人や資材の手配が出来ず、このため、屋根は瓦で、間取りはほぼ当時のままで1986年に現在の母屋に立て替えられた。関家は猫好きでもあり、母屋の縁側には5匹の猫が優雅に昼寝中であった。

母屋とは別に、江戸時代から残る「薬医門」と呼ばれる正門と蔵がある。門には〝おっぱい〟のような「乳金物」の釘隠しのかざりが施されている。現在は、門の保存のため閉ざされたままで使用されていない。蔵は、初代の武左衛門が建てた「新蔵」と二代目の武左衛門が建てた「雑蔵」などがある。一部補修や改修されているもののほぼ当時のままで、「雑蔵」の内部は整備され、石臼や背負子などの昔の生活道具などが展示されている。一方、「新蔵」の方は、一階はかつて米蔵として使用されたが、現在は、前述の「育む会」の作業用の道具などが収納されている。二階には長持や駕篭などが置かれている。関家は、前述したように代々幸谷村の名主を務めていたことから、年貢勘定目録などの古文書が沢山残っており、目下、古文書は、地元の「関さんの森・古文書の会」が、調査・保存作業をすすめている。

「関家の庭」は約0.5 haの広さで、大径木が10種類で16本確認されている。関家の方針で庭も出来るだけ下草を残し自然のままに管理されており、まさに自然の森の屋敷である。

ソメイヨシノ(染井吉野)

「関家の庭」には、ソメイヨシノの他に、河津桜や思川など10種類の桜がある。正門とは別の通用門から入った垣根の側にある老大木ソメイヨシノ（写真⑤）は武夫さんの妻、もじさんが生まれた1905年に植えられたもので、2023年には樹齢118年を迎えた。このソメイヨシノの樹高は約10ｍで幹周約356㎝のバラ科サクラ属の落葉高木である。樹皮は、暗灰褐色で皮目が横長になるが、老木にもなると皮目がはっきりせず、主幹の樹皮が黒ずんでいて今にも剥がれそうである。

　ソメイヨシノは、オオシマザクラとエドヒガンの雑種起源とされている。種子ができないため全てクローンである。一般にソメイヨシノの寿命が約60年と言われる中で、このように100年を越える老木は珍しい。しかし、幹や大枝に衰えが見られることから強風や台風から守るために大枝と大枝の間を二箇所ワイヤーロープでしっかりと固定されている。こうした状況下で今年も元気よく直径4㎝ほどの淡紅色の5弁花を枝いっぱいにつけていた。

通用門沿いに聳え立つ老大木のソメイヨシノ⑤

　和名ソメイヨシノの由来は、江戸時代末期に染井村で植木職人らによって「吉野桜」という名前で全国に売り出されたが、本当の吉野桜はヤマザクラだったため、誤解を招かないよう「染井吉野」と改めて命名された。

　因みに、福島県郡山市の開成山公園にあるソメイヨシノは1878年に植栽された記録が残っており、現在の樹齢は145年を数え、日本で最も古い老木の一つと言われている。これと比べても関家のソメイヨシノが如何に老木かが分る。

モチノキ（餅の木・黐の木）

　ソメイヨシノの老木から数十メートル奥まったところに樹高約11ｍ、樹齢不明、幹周約204㎝のモチノキ（写真⑥）がある。モチノキ科モチノキ属の常緑広葉樹の中高木で、雌雄異株であり、株単位で性転換する特性がある。樹皮はなめらかな灰褐色だが、古木とあって一部樹皮が変色している。また、関家ではモチノキは水分が多く油分が少ないため、火伏（ひぶせ）の木として防火用に植えられたものだ。

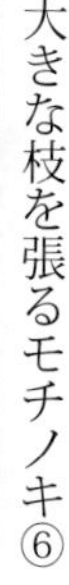

大きな枝を張るモチノキ⑥

　根元には「モチノキから鳥もちをつくる。どこからつくるのだろう？」と書かれた立て札がある。確かに樹皮から鳥黐（とりもち）を作ることができることからモチノキと呼ばれるようになった。かつて、子供たちはシノダケなどの先端に鳥黐をつけて、野鳥を捕まえるのに用いたが、現在は法律で禁止されている。

　開花時期は4月頃で、雄花、雌花ともに直径約8㎜の黄緑色の小花をつける。また、果実は直径10～15㎜の球形の核果で、その内部に種子が1個ある。

カヤ（榧）

　新蔵の近くに2本あるカヤの内の最大の1本（写真⑦）が樹高約15ｍ、樹齢200年以上、幹周約310㎝で、イチイ科カヤ属で常緑針葉樹の雌の木である。

　樹皮は淡灰褐色で、浅く縦に割れていて所々剥がれている。

　関家では祠（熊野権現）の御神木で、小さく尖った葉は魔除けとしての意味があるようだ。因みに、祠の後ろにある2本の老木キリシマツツジは樹齢200年以上で、松戸市の保護樹木に指定されている。

　カヤの語源は、間伐材や枝を燻して蚊を追い払うために使われたことから、蚊遣（かや）りに由来するとも言われている。カヤは雌雄異株で、目立たない花が4月~5月にかけて咲き、イチョウと同様に雌にだけ種子ができ、1年後の9月~10月に熟す。このカヤを撮影した日に運良く数個の種子を拾うことができた。3cmほどの種子は食用になり、灰汁ぬきして天日にさらしたものを焙煎すると芳香が高いナッツになる。

また、種子には油脂が含まれることから、昔、里山の農家では食用の他に食用油や灯火用にも使われた。更に、時代を遡って縄文時代や弥生時代の遺跡からも保存されたカヤの実が出土している。このように、大昔からカヤの実は日本人にとって関係が深いとされている。

主幹の開口部が腐朽している神木のカヤ⑦

ドイツトウヒ（独逸唐檜）

カヤの隣にモウソウチクに囲まれた樹高約12m、幹周約181cmのドイツトウヒが並んで立っている（写真⑧）。

ドイツトウヒ⑧

この樹木は、啓子さんが小学一年生だった1955年にクリスマスツリー用に購入し、室内に飾ったものを、後にこの場所に移植されたのである。分類としては、マツ科トウヒ属の常緑針葉樹の高木である。樹皮は褐色で、樹齢70年近くになると鱗片状に剥がれ落ちている。別名はオウシュウトウヒ、或いはドイツマツと呼ばれている。花期は4~5月頃で、雄花と雌花があり、雄花は葉腋に単生し、長さ2~3cmで紫紅色である。雌球花は前年枝の先につき、長さ4~5・5cmの円柱形となり、雄花と同じく紫紅色ある。ドイツトウヒは名前からして、ドイツが原産地と思われがちだが、実はドイツではなく北ヨーロッパや東ヨーロッパで、モミの木などと共にクリスマスツリーとしてよく使われる。

キンモクセイ（金木犀）

雑蔵近くの垣根沿いにキンモクセイの大木（写真⑨）が道路側に扇状に傾斜している。樹高約10m、樹齢不明、幹周約154cmでモクセイ科モクセイ属の常緑小高木の雄の木である。樹皮は淡灰褐色で、古木とあって皮目が多く目立っている。

キンモクセイは、元々変種のギンモクセイと共に中国から渡来したものと言われており、前述のモチノキやカヤと同じく雌雄異株の樹木で、9月~10月の時期には直径4~5㎜の橙黄色の花が枝一杯につけ、甘い香りを放し、道路を行き来する人たちの心を和ませてくれる。

この樹木は、花色によって品種が区別されていて、白色はギンモクセイで、この庭のものは花の色からして紛れもなくキンモクセイである。日本では雄株しか知られていない。このため花つきは良いが実を結ぶことはない。

現在は、庭園樹や街路樹だけではなく、花は滋養保健や食用増進の効果があることから薬用にも利用されている。

キンモクセイ⑨

アカガシ（赤樫）

母屋の奥まったところには、樹高約17ｍ、樹齢200年以上、幹周約255㎝のアカガシ（写真⑩）がある。この樹木は松戸市の保護樹木に指定されている。ブナ科コナラ属の常緑広葉樹で、樹皮は灰黒褐色で古木のため、不揃いな薄片となって剥がれている。他のカシ類に比べると木材に赤みが強いことからアカガシ（赤樫）と名付けられた。

別名、オオガシ、オオバガシなど複数の呼び名がある。4～6月になると花を咲かせる。花の後にできるドングリは直径2㎝ほどで後述のシラカシより大きく、形状は楕円形である。

母屋近くのアカガシ⑩

エノキ（榎）—エノキの森

「関家の庭」に隣接して小さな「エノキの森」がある。そこには、大きな2本のエノキがある。その中の1本が樹高約15ｍ、樹齢不明、幹周約240㎝である（写真⑪）。アサ科エノキ属の落葉高木で、樹皮は灰黒色で小さな皮目が多く、ざらざらしているが、老木のため、いぼ状のものが多く目に付く。

途中から枝分れするエノキ⑪

この「エノキの森」は松戸市の特別緑地保全地区に指定されており、大切な樹木として扱われている。

エノキの別名はナガバエノキ、或いはマルバエノキとも呼ばれる。花には雌雄あるが、いずれも緑色の小さな花であまり目立たない。花期は4～5月頃で、果実の果肉は甘く、干し柿に似た味がする。

エノキの名前の由来には諸説あるが、①信長、家康、秀忠、家光のうちの誰かが、「余の木（ヨノキ）」を一里塚に植えるよう命じ、これに応じる形で植えられたのがこの木であったためヨノキが転じてエノキとなった。②縁起の良い木を意味する「嘉樹（ヨノキ）」が転じてエノキとなった。③秋にできる朱色の実は小鳥や森の生き物に好まれ、「餌の木」からエノキとなったなどの説がある。

クヌギ（椚木）—クヌギの森

市道46号線を挟んで「エノキの森」の真向かいにエノキの森より広い「クヌギの森」がある。そこには6本のクヌギの大径木がある。その内の1本は樹高約15ｍ、樹齢不明、幹周約276㎝でブナ科コナラ属の落葉高木である。樹皮は灰褐色でやや深めに不揃いに割れている（写真⑫）。

別名でツルバミ、クノギとも呼ばれており、和名クヌギの語源は国木（くにき）または食之木（くのき）からという説がある。

花期は4～5月で、雄花は黄褐色の10㎝ほどの穂状になって垂れ下がり、小さな花をつける。雌花は、上部の葉の付け根に非常に小さな赤っぽい花をつける。雌花は受粉すると

大きく枝を張るクヌギ⑫

果実をつける。これはドングリと呼ばれ親しまれている。現代では、ブナ、カシ、コナラなどの木の実をドングリと言うが、本来ドングリは真ん丸の実、つまりクヌギの実を意味している。また、クヌギの樹液は、カブトムシやクワガタなどの甲虫類や蝶、オオスズメバチなどの好物で、これらの昆虫が樹液を求めて集まる。

この森には、２０１５年11月13日に幸谷小学校の子供たちによって植樹されたケンポナシが元気よく育っている。

屋敷林

「屋敷林」は、前述したように自然がそのまま残っていて、ケヤキ、シラカシ、スタジイ、スギ、モミ、マダケなどが茂る鬱蒼とした森である。湿地や湧水池もあり、多様な生き物を育む貴重な森となっている。「屋敷林」の北口側と南口側ではかなりの高低差があるが、森の中には散策道が整備されており、子供たちのために「下の広場」と「上の広場」にそれぞれ小規模なアスレチックが設置されている。

「屋敷林」の樹木の種類は、約49種で本数は約６６９本とされている。その内、大径木は９種で42本が確認されている。

ケヤキ（欅）

「屋敷林」の北口から入ると湧水池の脇に樹高約19m、樹齢不明、幹周約４００cmのケヤキ（写真⑬）がある。屋敷林では最も太い樹木である。親株にくっついた形で子株が並んで立っていて、植物の世界でも親子の絆を感じ取れる。親株の根元から胸高あたりで幹（大枝）が分かれた後、その先で癒着結合している。このような木を「連理木（れんりぼく、れんりぎ）」と言われており、珍しい現象である。連理木は、夫婦和合の象徴として信仰の対象になるものがある。「屋敷林」で連理木のケヤキに出会えたのは幸運と言える。

ケヤキはニレ科ケヤキ属の落葉高木で、樹皮は灰紫褐色で雲紋状の薄い片となって剥がれ落ちてくる。

花期は4月頃で葉が出ると同時に開花する。雄花は新枝の下部に数個が集まってつくが、雌花は新枝の上部に1個ずつつく。

千葉市、野田市、我孫子市では、「市の木」としてケヤキがシンボルに指定されている。

連理木のケヤキ⑬

シラカシ（白樫）

ケヤキから散策道に沿って右から左に曲がり、そのまま十メートルほど行くと、右手の急斜面に根の一部を露出した樹高約18m、樹齢不明、幹周約２９７cmのシラカシ（写真⑭）が緩やかなカーブを描きながら力強く聳え立っている。シラカシは、ブナ科コナラ属の常緑高木で、樹皮は灰黒色で縦に並んだ皮目があり、表面はざらざらで割目がない。

和名の由来は、前述の同じカシの仲間のアカガシよりも材が白色であることから名付けられている。

別名、カシ、ホソバカシとも呼ばれ、樹皮の黒さからクロカシの名もある。花期5月で雄花序は長さ5～12cmで、雌花序は3～4個の花が穂状につく。ドングリがなる木の一つで、ドングリがカケスやネズミなどの野生動物に運ばれることで自然に増えている。

シラカシ⑭

イヌシデ（犬四手）

「下の広場」にはイヌシデの珍木がある。長さ約21ｍ、樹齢不明、幹周約２１６㎝（写真⑮）で、地上２ｍほどの高さからほぼ垂直に曲がり地上に並行して伸びていて、実にユニークな形を成している。この樹形からして強風の時に根元あたりから折れないのが不思議なくらいだ。

丁度、訪れた日に2組の家族づれが来ていて、子供たちがその木に恐る恐るよじ登りスリルを味わっている姿がとても印象的であった。

イヌシデはカバノキ科クマシデ属の落葉高木である。樹皮は灰白色で縦に模様ができていて、樹皮の縞が鮮明で分かりやすい。

花期は4～5月、雄花は広卵形の苞に2個ずつつく。和名の由来は、花穂の垂れ下がる様子が注連縄などに使われる紙垂に似ていることからつけられた。

まとめ

「関さんの森」の周辺部は住宅地となっているが、森の中から周辺住宅地はほとんど視認できない。それほど豊かな自然がそのまま残っている森であり、生物多様性に富む里山である。そして、子供たちにとっての環境学習には無くてはならない場所の一つとなっている。

近年都市化の影響で自然が消えて行く中、関家は武夫さんの遺志を継いで少しでも自然を後世に残そうと所有の「屋敷林」を埼玉県生態系保護協会に寄付をした。こうして、「屋敷林」を含め「関さんの森」が永遠に残されることになったのは極めて意義深いと言える。その上、森の維持管理を担う市民団体「関さんの森を育む会」には心から敬意を表すと共に、今回の取材にあたって、「関さんの森を育む会」の山田純稔氏には大変お世話になり厚く御礼を申し上げたい。

（小島　隆）

ユニークな形を成すイヌシデ⑮

〈**ガイド**〉ＪＲ新松戸駅から徒歩約10分。

〈**参考文献**〉

「関さんの森の奇跡」　関　啓子
「写真で見る自然と歴史をたどる散歩道」
～新松戸・北小金周辺～　関　武夫
「自然環境調査報告書」　松戸市役所
「葉っぱ・花・樹皮でわかる樹木図鑑」　高橋秀男
「日本一の巨木図鑑」　宮　誠而
ウィキペディア　フリー百科事典
…………………
関さんの森を育む会
松戸市役所道路維持課

新坂川沿いのサクラ並木

現在の新松戸、栄町、旭町、主水新田付近の江戸川左岸地帯は良質なすし米やもち米がとれる美田地帯で「下谷三千石」と呼ばれていたが、江戸川や坂川の堤防が決壊すると、一帯は湖沼のようになり、なかなか水が引かず、農作物や生活への影響は甚大であった。

さらに、坂川の左岸側には台地が広がり、多くの小川が流れ込んでいたため、追っかけ水といって、雨がやんでも水田の水位が下がらなかったという。

そこで昭和8年から12年頃にかけて、新坂川の開削が行われたのである。

ところが、新坂川の開削後、日照りや洪水など天災に見舞われ、新坂川は期待したような効果を発揮出来なかったため、開削は失敗とされ、不運な川となってしまった。

その後、開削に関係した役員有志が、せめて花見の出来る川にしようと考え、昭和30年に川沿いにサクラの木を植えたのである。

けれども、現在その多くは失われており、かろうじて、かつての面影をとどめているのが、馬橋から新松戸までの一帯で、約1㎞に渡ってサクラ並木（一部エノキなど他の樹種も含む）が続いている。

幹回りは太いもので、250㎝～300㎝、樹高は7mから15mである。

サトザクラ

今回、新坂川を松戸市根本から横須賀の坂川への合流地点まで視察したところ、北松戸付近でも、川沿いの約200mにわたるサクラ並木があったが、マンション開発に伴って、周辺はアスファルト舗装され、植樹当時の風景とは大きく変化しているため、馬橋・新松戸間と同じように昭和30年に植樹されたものである可能性はあるが、松戸市や新松戸郷土資料館が発行した資料では確認出来なかった。

こうして不運続きの新坂川ではあったが、現在では、並木道にベンチも設置され、一帯は周辺住民の憩いの場となっており、取材中も散歩やジョギングをする人が次々と訪れるのが、印象的であった。

特にサクラの開花する時期は絶景で、周辺住民だけではなく、新坂川に沿って走る流鉄の乗客の目も楽しませてくれる人気スポットとなっている。

幹回りが一番太い木

（石井一彦）

21世紀の森と広場

私が初めて千駄堀の谷津（台地に入り組んだ低地）に来たのは1977年5月に発表された「松戸市長期構想」に「21世紀の森と広場の建設」があってまもなくの時期だ。

五本木口から下りていくといままで見たことがない景観があった。休耕田か耕作放棄地か知らないが、台地の雑木林に囲まれた谷津が湧き水や斜面林からしみ出てきた水で潤されていてほとんど人がいなかった。そのままおりていき、千駄堀集落が見えるところまで足下を気にしながら進むと一人の女性が小さい子を遊ばせながら水の中から草を引っこ抜いては根に付いた泥を水で洗い落としていた。私はその女性に「何をしているんですか」とお聞きしたら、「芹を取っているんです」と応えられた。「芹」という植物の名前は知ってはいたが都内育ちの私にはこのようにして実物を取り、家に持ち帰って食用にするのか、とはじめて知った。景観とその中の女性の動作に深く感動して、車に戻った。

「21世紀の森と広場」への道

「森と広場」予定地は「広報まつど」（1986年10月20日）によれば松戸市の中央部の広い田園地帯であった。そして工事中であった新松戸方面から紙敷方面の都市計画道路など3本の都市計画道路の予定路線が交差する地域でもあった。情報通？の中には「この3本の都市計画道路を通すための計画だ」、という人もいた。

交通の便などは八柱駅、新八柱駅から徒歩で15分程度。またバスは新松戸駅前などから八柱駅南口行きに乗車して公園中央口で下車すればすぐである。有料駐車場は4カ所あり、千駄堀池を前にしたカフェテラスで食事もとれ、トイレも各所にある。

入口はいくつかあるが県立西部図書館と「森のホール21」の近くの中央口から入って坂を下ると芝生一杯の「光と風の広場」に着く。右手の斜面近くにトイレや木小屋があり、斜面添いに歩くと、下総台地の水流の源、湧き水が池をつくっていた。開園前は子どもたちが湧き水の中に入ったり斜面を上ったり飛び降りたりして遊んで楽しい声を上げていた。しかし開園にあたって安全重視の「改造」で湧水は現在地に移動され、水は玉石でつくられた水路で新しくつくられた「千駄堀池」に送られている。

「森と広場」と平和への思い

この広場の南側斜面には注意深く見るとところどころに両側斜面と比較してやや急で樹木の「太さが一寸細いな」と思われる幅10m弱の斜面がある。これは戦争中にアメリカ軍が太平洋方面から飛来してくると考えて飛行機から見にくい北向き斜面につくられた坑道（地元の方々は「防空壕」という）の跡で、敗戦後に崩れたから入口部分が狭い急な斜面となり、樹木も後から生えてきたからやや細いのである。

地元の人々のお話しでは防空壕は「森と広場」以外にも多数あって（注）、その工事中の夕刻に崩落事故が起こり、サイレンが鳴り響き、救急車が来たという。使役されていた労働者2人（朝鮮人と言われる）が亡くなった。そして工事も中止になったという。

またこの工事には、戦争中に校舎と校庭の半分を自動車部隊に使用されていた近くの高木小学校の児童たちが「先生に『じょうぶな風呂敷をもってくるように』といわれ、…みんなで行列して千駄堀のガケから砂を風呂敷に包んで校庭にはこび、しきつめたそうです。これは全学年の児童でやったそうで、この時『勝チヌクボクラ小国民』と歌いながら行進したそうです」（『創立一〇〇周年記念誌　たかぎ』２０００年市立高木小学校・刊・１３９～１４０頁）という全く思いもよらない歴史もある「森と広場」の前身を考えたい。

さらに進んで行くと女性像（「光風」像・雨宮敬子・作）がある。この像は『世界平和都市宣言』を行った記念に松戸駅デッキに設置すると行政側は考えていたが、平和な新しい松戸をつくっていく目標を持つ「森と広場」の方がふさわしいのではないか、という議会の論議によってこの地に設置された、という。さらに進むと「松戸市が『世界平和都市宣言』を行って25周年となる平成22年度（２０１０）に長崎市より、被爆クスノキの種から育てられた苗木が贈呈された若いクスノキがある。

広々とした景観で人気のあるこの広場にも約30年の歴史の中で、平和な松戸へ、という先人たちの思いがあることも考えたい。

千駄堀池周辺から

五本木口から下りてきた道のすぐ脇には滑り台などさまざまの遊具があり子どもたちで賑わっている。そこを過ぎて「広場の橋」の下を通り「水とこかげの広場」で、目の前に千駄堀池が広がる。池に沿って右に進むと「四季の山野辺、野草園」に着く。斜面が西と南向きで適度に低い樹木があるためか、名前の通り野草と昆虫などを多く見ることもできる。

カフェテラスから見た東岸

参加した自然観察会では背中全体に光沢のある金緑色で淡い紅色の帯状の紋があるカメムシで葉の裏にいるアカスジキンカメムシの美しさには参加者みんなが感嘆の声を上げた。

また、地球温暖化の中で生息圏の北上を続けているというハラグロオオテントウがクワの葉にいた。この虫の幼虫も成虫もクワの葉で吸汁するクワキジラミという昆虫を食べるという。また、ネムノキにはアゲハが来るという。まだまだ沢山の昆虫と樹木の関係を見聞きできた。

この先の「自然生態園、いきものたちの谷津」は生態系を守るために進入禁止である。もどって池の西岸に向かうと「パークセンター」（公園管理事務所）と「カフェテラス」がある。前者で資料を頂いて後者で東側に見える池とその奥の緑の小山を見ながら一息入れることが出来る

池畔から橋の先に池を観察できる丸い建物がある。気分転換にはなるかも知れない。そのまま進んで自然観察舎まで行くと「森と広場」で見られるさまざまな動植物の写真が展示してある。ここから先には行くことができないが、一部分土・日・祝日に4回実施する観察会で係員の説明を受けながら歩くことができる。

さて、戻って南に進み手入れの行き届いた花壇、田園地帯をモチーフした「みどりの里」を通り、丸太の切り株の椅子が点在しているので休みながら歩くと南口につく。出入りできるので一旦外に出て(千駄堀の)「安忠さん」の長屋門と屋敷など立派な農家の母屋が山林の台地を背にして田圃を前にした農村の原風景である千駄堀集落を見るのも良いだろう。

戻って「つどいの広場」の細流の縁を歩きながら中央口に戻るか、あるいは南口からすぐの「生命の森」という樹林の下総台地に入っていくと「縄文の森　復元竪穴住居」に着く。この付近の樹木にも名札が下がっていて樹木名の勉強と復元住居の中に入って縄文人の生活の一端を知ることができる。

松戸市は縄文時代の遺跡が多いことで知られている。ここからそれらの発掘や研究成果など松戸の3万年の歴史を学ぶことができる「松戸市立博物館」につながっている。

こうして「森と広場」という「現代の自然」を楽しんだら博物館で八柱駅方面、新松戸駅方面のバスの便を聞くのも良いし、余力があれば約15分で八柱駅まで歩くのも良いだろう。

「森と広場」の周辺には幾つかの遺跡がある。例えば西部図書館の目の前の道路をはさんだ向かい側の小さな緑地の中や八柱駅から新京成線線路添いを歩くと頭を赤く塗られた「陸軍用地」という境界標石を見ることができる。これは丸いガスタンクと「森と広場」のフェンスとの間の草むらに1m弱の高さの鉄道敷地跡が１００ｍほど残っている軍用鉄道跡につながるものである。

「森と広場」は自然を楽しみ、原始時代から現代までの歴史を学べる場所である。

（田嶋昌治）

（注）

松戸史談会の機関誌「松戸史談」の50号から57号まで「松戸の戦争遺跡を歩く」と題して連載したが、51号の34頁に坑道の可能性のある個所などを図示した。

平賀本土寺と参道

松戸市平賀の本土寺（JR北小金駅北口）はあじさい寺として有名で、「本土寺とあじさい」は、2023年（令和5）に千葉県が「次世代に残したいと思うちば文化資産」に選定した東葛地域を代表する名刹である。

開創については諸説があるが1200年代後半で、1300年代初めに寺院としての基礎が築かれたと考えられている。

そして鎌倉の長興山妙本寺、池上の長栄山本門寺とともに日朗上人（日蓮聖人の六高弟の一人）開基の「三長三本」の一つとして信仰を集めた。

豊臣秀吉政権以降の権力者による不受不施派（法華を信じないものからはお布施を受けないし、また施こさない、法事等にも参加しない、と考える一派）への弾圧で打撃を受けた。

しかし、のちに禁制が弱まってゆき、徳川幕府が設けた寺請制度の中で、多くの塔頭「境内のなかにある子（支）院」や府内、武蔵、下総、上総、相模など関東一円に末寺を増やした。そしてそれら塔頭や子院から上がってくる浄財、寄進によって寺の勢いを強め、それを祠堂金として貸し付けるなどしてさらに影響力を広めた。

ところが、明治初年の廃仏毀釈、敗戦後の農地改革によって他の寺院同様厳しい打撃を受けた。本土寺の場合、境内地以外の所領がほとんど没収されたり、本堂が壊されるという風評で売却せざるを得なかったという。現在の本堂は当時の祖師堂を移したものである。

そして開山700年・宗祖700年遠忌の記念に新築も考えたが、柱等が良質のため廊下周りなどを拡大する改造をしたという（本土寺河上順光師談）。

こうして、苦難の時期を乗り越えて、現在はサクラの開花時、ハナショウブ、アジサイの開花時、紅葉の時期と、年3回のピーク時は遠方から多くの観光客が訪れる名所となっている。

JR北小金駅南口のイオンの南側で旧水戸街道と分かれ、北口の小さな商店街を通り過ぎ、まてばしい通りを横断した先の信号機の下の右に「本土寺」左に「長谷山」という2本の石柱がある。この石柱は通り過ぎた自転車置き場をつくるときに南側にあったものを移動したものである。

石柱から仁王門まで約470mある参道を一通り調査した結果、参道では数種類の樹種が植えられていることが分かった。

最近の街路樹は、単一の樹種の場合が多く、単調な景観と感じる街路が多いが、本土寺参道は変化に富んでいるので、歩くのが楽しい。

どんな樹種があるのか確認しようと、松戸市観光協会のホームページを見ると水戸光圀の時代にマツやスギの並木道を作ったという。

ところが管見の範囲では、スギが石柱付近の両側に1本ずつ、マツは見当たらない。

観光協会のホームページでは、この参道は、本土寺から松戸市に寄贈され、現在は松戸市が管理しているというので、筆者石井が松戸市役所の公園緑地課に質問したところ、マツはゼロ、スギは入り口付近以外に、もう1本あるという。

その他、ケヤキ、クスノキ、スダジイなどがあるとの話であるが、葉の表面が著しくざらついて、紙やすり代わりに使われるというムクノキも植わっているように見えた。

マツやスギが失われたのは1970年代ころから広がったマツクイムシと排ガスの影響で枯れ始めたためである。

イオン脇の本土寺参道

伐採されたスギ

入り口から270mまでは直線で、中央を車が通っているが、左側が低かったので、車が少ない頃は中央と右側を歩行者が歩いた。左側は低く、雨水などが残ったりしていたので歩行者は少なかった。

両端の歩道部分を高くしたのは後述の本土寺の裏山の開発問題で松戸市が歩道を買収し、その金で本土寺が裏山を買収できた事による。

参道の並木はほとんどが巨樹であり、樹高は15mから20mクラス、幹回りは細い個体でも200cm、太い個体では300cmを超えるものもあった。

なかでも一番樹冠が大きく、枝ぶりの見事なスダジイの幹回りを計測したところ、330cmであった。樹冠とは枝や葉が茂っている部分のことである。

スダジイの巨木

入口から270m地点で、参道はななめ左に折れて、道幅も狭くなり、歩道はなくなる。奥には仁王門が見える。

近づくと「長谷山」の扁額を掲げた朱塗りの門で、1970年（昭和45）の解体修理の際仁王像の中から造立勧進帳が出てきた。それによると慶安年間（1648〜1652）に建築されたことがわかった。

仁王門の左手前には「赤門家」、さらに手前の石門脇には「黒門家」という茶店が張り合ってある。その間の両側はユキヤナギとサクラ並木で、開花時期は見事な景観である。

参道を進んで、仁王門に着くと、左手に松戸市公園緑地課が設置した「保護地区指定標識」があり、主な樹木としてアジサイ、サクラ、モミジと記載されている。

仁王門をくぐると、すぐ左に石柱門がある。小金町役場が旧水戸街道にあったころ、昭和天皇の即位（大禮）記念に役場入口に立てられたもので、町役場がなくなり行き場がなくなるというので本土寺が引き取って安置したという。

石段から正面を見ると本堂が見えて、石段を下りると右側に塔頭の佛持院がある。

佛持院の墓地は境内にもある。本土寺境内にある墓地も全てが本土寺のものではなく、廃仏毀釈以降の激動の中でなくなった輪像院などの塔頭や末寺の墓地もあったのではないかと考えられる。

著名人のお墓を紹介すると小金宿の本陣であった中野家、水戸家の小金本陣管理・鷹狩りと関連する日暮家、秋山夫人の親族など、松戸宿の名主吉岡家も上げておく。

また河上順光編著『本土寺物語』の第9章「徳川家と諸檀越」によれば「水戸家の菩提寺格と認められていた」。

受付門を入ってすぐ左手に五重塔が目に入るが、その手前に鐘楼がある。

この鐘楼には建治4年（1278）という千葉県下で2番目に古い年号が刻まれている。さらに「下総国印東庄六崎大福寺」という鋳造銘がある。

このため、1977年（昭和52）に国の重要文化財に指定され、代わりの梵鐘が吊るされている。

除夜の鐘として有料ではあるが近隣住民にも打てることで親しまれている。なお、佐倉市六崎の高崎川右岸の高岡に字大福寺があり、発掘調査で寺院跡や墓域が検出され、大福寺との関連が考えられている。鐘楼の隣には2000年に建立された五重塔が見える。

この五重塔は本土寺の河上順光師のお話では京都府南部の加茂町にある海住山寺の五重塔を少し小さくしたもので、旭ガラス等の研究でつくられたということである。

受付門から右手のエリアは一面、アジサイが植わっており、そこに点在する樹高10m以下のサクラとモミジが目をひく。

本土寺境内の平地や斜面はほとんど、このように、アジサイ、サクラ、モミジで構成されている。

本土寺の公式ホームページによれば、サクラは枝垂れ桜、ソメイヨシノ、八重桜など合わせて100本程度あり、3月下旬から4月上旬開花する。また6月上旬には樹木ではないが、ハナショウブが5,000本、さらに下旬には50、000本以上のアジサイが咲き渡るという。

モミジは11月下旬頃が紅葉のさかりで、山もみじ、大盃、秋山紅と呼ばれる3種類、およそ1500本が植えられているという。

アジサイの群生

明治維新と敗戦後の農地改革で境内外の所領などを失ったりした打撃を克服して、有名なアジサイだけではなく、ツツジ、サクラ、カエデ、あるいはフクジュソウなどの植栽をして緑豊かな境内の中にさまざまな堂塔を構えた理由について、筆者田嶋が聞いたところ、河上順光師は「お釈迦様のおられた場所は花一杯であったという。それを目指したのです」と話された。

また、次のような出来事もあった。

1990年7月に、菖蒲池の正面の裏山約4700㎡の地権者（葛飾区在住と聞いた）が都内の不動産会社に売却を持ちかけたということがわかった。傾斜地のため実質的に3階を超えるマンションになる恐れがあるというので（7月1日付読売新聞）、地元の人々が「平賀地区緑の環境を守る会」を結成し署名運動をはじめ、「小金の緑と文化財を守る会」などさまざまな団体個人も協力し、短期間で4万7千人の署名が集り、松戸市に陳情した。

結論は、松戸市が地権者から裏山を買取り、松戸市は残った参道を石井工務店まで本土寺から買取る、となった。こうして菖蒲池の景観、本土寺境内の緑の景観が守られたという。

アジサイの群生を右に見ながら、順路に従って正面にある本堂に向かうと、五重塔の脇には数本の巨木がある。なかでも最大はイチョウで、樹高は20m、幹回りは200㎝ほどある。

また右手にある寺務所の前ではマツとモミジの巨木が目を引く。モミジは幹回り240㎝、樹高は20m、マツは幹回り200㎝、樹高は25mである。

マツの巨木

本堂の前の階段の右側のツツジやアジサイの樹木の中に、いわゆる翁塚（芭蕉の句碑）がある。芭蕉没後110年の文化元年（1804）に建てたもので「御命講（ごみょうこう）やあぶらのような酒五升」とある。小金宿の人々の文化的水準の高さを示すものである、と考えられる。

本堂の前を右に折れると、雑木林があり、コナラが多いため、大量のどんぐりが落ちていた。

大量のどんぐり

さらにその先は竹林で、道なりに小道を下ると、目の前には菖蒲池の景観が広がっている。菖蒲池を半周すると、反対側には展望台のような場所があり、菖蒲池を一望できる。

菖蒲池の景観

左写真に見えるのは、宗祖６５０遠忌に発願し１９３０年（昭和５）に建設、その後改築等を行った宝物殿である。

白い建物が宝物殿

本土寺の霊宝、什物、古文書などが収められており、代表的なものとして宗祖真筆加判の御本尊、宗祖御真筆諸人御返事等御書、梵鐘などである。

菖蒲池を後にして、受付門に向かうと、前述のアジサイとサクラとモミジのエリアが広がっているのだが、スギが集中して10本ほど植わっている場所があり、そこだけ周囲と雰囲気が違い森の中に入り込んだようで、束の間ここが松戸市平賀であることを忘れさせる。

スギが集中するエリア

受付門から退出し、仁王門を出て右に折れる道を進むと畑があり、その右手奥の民家の中に太いサクラの樹など数本見られる。その太さから、これらの土地も維新までは本土寺の境内であることを証明している。本土寺を通して戦後の歴史の一端を知ることができる。

再び参道に戻ると、一見スギの木に見える電柱が、擬木であることがわかり驚いた。

しばしば高原のリゾート地では見かける風景だが、首都圏で、このような景観に配慮した電柱を見られるのは珍しい。

擬木の電柱

筆者石井が松戸市役所公園緑地課に理由を聞いたが、電柱は市役所の管理ではないので、事情はわからないという。

あくまで推測であるが、「平賀地区緑の環境を守る会」や「小金の緑と文化財を守る会」など、先人の方々の努力の賜ではないだろうか。

昨今、ビッグモーターや神宮外苑の問題など、街路樹について、世間の関心が高まっている。

朝日新聞では2023年（令和5）11月に「街路樹のこと」と題した特集を組んでいる。

それによれば、わが国の街路樹は２００２年（平成14）の６７９万本をピークに減少し、２０２２年（令和４）には６２９万本と50万本も減少している。

ところが藤井英二郎他『街路樹は問いかける』（岩波書店）によれば、温暖化やヒートアイランド現象の激化を受けて、欧米の多くの都市では道路だけでなく、都市全体で樹冠被覆率を高める政策が注目されているという。

樹冠が広がると、強い日差しを遮る範囲が広がり、緑陰効果が大きくなるのである。

さらに、街路樹には雨水を地中に浸透させる機能、ストレスを緩和する機能もある。

幸いなことに、本土寺参道の樹木は先人の努力によって守られてきた。

読者の方々には、今般、千葉県により「次世代に残したいと思うちば文化資産」に選定されたのを機会に、改めて本土寺や参道を見直して頂きたいと思う。

（田嶋昌治・石井一彦）

（**参考文献**）
河上順光『本土寺物語』（本山本土寺、２００５年６月）

松戸市の木（国際交流の木）ユーカリ

松戸市の木は、シイ（里の木）、ユーカリ（国際交流の木）、サクラ（街の木）、ナシ（郷土の木）の4種類が制定されている。

ユーカリは、オーストラリアのボックスヒル市（現ホワイトホース市）と姉妹都市提携を結んだのを機に、最も早い1972年（昭和47）7月に市の木に制定された。

国際交流の木ユーカリ

きっかけは、1958年（昭和33）、授業でオーストラリアのユーカリのことを知った松戸市立第五中学校の生徒が、「ユーカリの種をください」とオーストラリア大使館に英語で手紙を書いたことに始まったという。

オーストラリアから送られてきた耐寒性のある5種類のユーカリの種子を、技術科教諭と生徒が約千本の苗に育てあげ、それをオーストラリア大使が視察に訪れるなどして交流が育まれた。苗は市内小・中学校や卒業生に配られた。

五中へ行ってみると、校門の脇にユーカリの木が並んで見えた。表皮が細く剥がれて落ち、幹の色は白く、幹回りは2ｍ55㎝。葉は細長く全縁で白味を帯び、爽やかな香りがする。中学校にあるせいか、元気で若々しい印象を受けた。

松戸市立第五中学校のユーカリ

ユーカリ緑化の動き

松戸市は、2002年（平成14）から、姉妹都市提携記念日の5月12日を「グリーンツリーデー」と名づけて、ホワイトホース市との文化交流活動を続けている（2）。

松戸市と当時のボックスヒル市が姉妹都市の調印を結んだ昭和46年頃の広報を見ると、開発で緑が失われていく中、成長の早いユーカリで市内の緑化をめざした、当時の松本清市長の勢いを感じさせられる。

同年4月25日には、小金原団地の一画に開園したユーカリ交通公園に、ボーイスカウトがユーカリ100本植樹。5月28日には国道6号線小山立体から新葛飾橋までの両側斜面に、松戸駐屯自衛隊の協力で500本植樹。

その後も、大金平や常盤平などの育苗圃で種蒔きした苗の育成を市内の小中学校に頼み、各学校で職員とＰＴＡが総出で育てた様子が紹介されている。

ユーカリが行きわたると共に、大きくなりすぎるなどの苦情もでてきて、1976年（昭和51）頃からユーカリ栽培は縮小された。1970～76年までの7年間に、総数30万本もの苗が育てられ、配布された（1）。

八柱駅近くの常盤平公園は、当時「常盤平ユーカリ園」としてユーカリ栽培や見本樹園のセンターだった。公園となった今は、元第五中学校校長でユーカリ緑化に尽力した上野顕義氏の詩を刻んだ「ユーカリ園の碑」を囲むように、さまざまな種類のユーカリがのびやかに枝を揺らしている。

（岡村純好）

参考文献

(1)『緑化樹ユーカリ』上野顕義（1977）
(2)『友好の絆　50年の歩み　松戸市ホワイトホース市姉妹都市提携50周年記念誌』

常盤平公園のユーカリと「ユーカリ園の碑」

花島家のスダジイ

常磐線の新松戸駅から関さんの森エコミュージアムに向かって10分ほど歩くと、直前に幸谷交差点がある。

幸谷交差点は、松戸市の南北を結ぶ都市計画道路３・３・７号横須賀紙敷線が通る交通の要所だが、そこを左に折れて、北小金方面に向かって住宅街の中を１００メートルほど歩くと、突然右側に広大な空き地が広がり、その奥にある巨木に目を奪われる。

それが花島家のスダジイである。

スダジイ遠景（周囲は広大な空き地である）

ふだんは幸谷交差点を急いで、車で走り抜けてしまうので、この空き地や奥にある巨木に気づかなかった。

今回取材のため初めて歩いたが、密集した住宅街を歩いていると、緑の塊が忽然と姿を表すので、少し大げさもしれないが、周辺の空き地も含めて、その大きさに度肝を抜かれた。

私有地の中ではあるが、もっと近くで撮影したいと思い、玄関ブザーを押したが、居住者の方は外出されていたようで、仕方なく柵の外から撮影した。それでも、右下のあたりに家の一部が写っているので、スケール感は感じていただけると思う。

正面のアングル

このスダジイはよく見ると、1本の木ではなく、2本の木がひとかたまりになっている。松戸市指定保護樹木に指定されていて、松戸市役所の資料では、幹回りが５４０㎝と４１５㎝、樹高は両方とも15ｍである。

スダジイは暖地の山地に生え、大きいものは高さ30ｍにもなる。

刈り込みに耐え、風害、煙害にも強いので、庭や公園などにも植えられるが、多くの場合は葉や雄花が落ちて雨どいをつまらせるので、枝を切られてしまうため、松戸市内では、これほど自由に伸び伸びと育っている樹木は、他にないそうである。

（石井一彦）

道路側からのアングル

第４章　柏市の樹木

茨城県
柏
取手市
我孫子市
手賀沼
手賀川
沼南高等学校
手賀西小学校
手賀の丘公園
興福寺
手賀東小学校
香取鳥見神社
手賀中学校
下手賀沼
柳戸/弘誓院の
雌雄の大イチョウ
印西市
白井市
0
10km
N
茨城県
野田
埼玉県
柏
我孫子
流山
松戸
白井市
印西市
鎌ケ谷
東京都
市川市
船橋市
八千代市

野田市
守谷市
流山市
松戸市
利根川
国道16号線
常磐自動車道
つくばエクスプレス
柏たなか
柏IC
中十余二/
こんぶくろ池公園
花野井/旧吉田家住宅
県立柏の葉公園
柏の葉キャンパス
市立柏高等学校
流通経済大学付属
柏中学・高等学校
東京大学柏キャンパス
国立がん研究センター東病院
十余二小学校
西原小学校
西原中学校
県立柏の葉高等学校
田中小学校
花野井小学校
県立柏高等学校
松葉第一小学校
松葉第二小学校
富勢小学校
柏中央高等学校
国道6号線・水戸
高田小学校
第五中学校
柏警察署
北柏駅
大井/
妙照寺の大
東武野田線
豊四季
豊四季/
ウツギは木釘の原材料
柏第七小学校
第三中学校
柏中学校
第一小学校
柏市役所
柏駅
開智国際大学
豊四季中学校
柏郵便局
第五小学校
正光寺
東葛飾中学・高等学校
第二小学校
旭東小学校
旭小学校
第三小学校
第二中学校
日本体育大学
柏高等学校
旧水戸街道/
マツ並木の消滅
日立台公園
南柏駅
豊小学校
第四中学校
名戸ヶ谷小学校
第八小学校
増尾城址
JR常磐線・成田線・上野東京ライン
大津ヶ丘中
柏南高等学校
芝浦工業大学柏
中学・高等学校
名戸ヶ谷/法林寺の大イチョウ
新柏駅
中原中学校
土小学校
麗澤大学
麗澤中学・高等学校
東武野田線(東武アーバンパークライン)
増尾駅
風早中学
光ヶ丘/麗澤の森
酒井根中学校
逆井駅
逆井の斜面
増尾西小学校
高柳
藤心小学校
酒井根小学校
逆井中学校
酒井根の「下田の杜」
土南部小学校
逆井小学校
高柳の斜面
県立柏陵高等学校
高柳小学校
高柳駅
高柳中学校
鎌ヶ谷
「国土地理院発行５万分の１地形図」を基に作図

法林寺の大イチョウ

柏市名戸ヶ谷の法林寺は、真言宗豊山派の寺院である。山号を「瑞雲山」と称し、不動明王を本尊として、慶安3年（1650）、法印海珠が開いたといわれ、江戸時代は桐ケ谷村（流山）の西栄寺の末寺であった。

入れ代わり立ち代わり、何人もの住職で受け継がれてきた古刹だが、現在では逆井の観音寺の住職である戸辺謹爾（とべきんじ）氏が兼務されている。観音寺から移築されていたという藁ぶきの山門が朽ち、1996年（平成8）、庫裏とともに造り替えられている。

山門をくぐると、すぐ右手に大イチョウがすっくと立っている。仰ぎ見ると、中央の幹から無数の枝が縦横にからまり、その堂々たる風格には誰もが圧倒されるであろう。訪ねたのは9月半ばだが、すでにびっしりと実をつけていた。

樹齢は推定460年、幹の太さは目通り（目の高さ）で6・4m、根元の太さは、周囲14・3m、樹高約30mで、1996年（昭和41）、柏市最大の樹木として、市の天然記念物に指定されている。

日本各地の神社仏閣に植えられ、神宮外苑などの街路樹としても人気のあるイチョウは、中国の原産で公孫樹、鴨脚樹とも書く。「鴨脚」の中国語「ヤーチャオ」が「イチョウ」に、「銀杏」の「ギンタン」が「ギンナン」に転じたものといわれる。

イチョウ科の植物は、世界中に広く分布していたが、地球上に現存するのは、わずか一種となり、「生きた化石」ともよばれている。また、雌株と雄株があり、法林寺のものは雌株である。

紅葉した葉が一面に散り敷くさまは、秋の風物詩だが、葉の形は家紋や紀章などに用いられ、ヒスイ色をした美しい種子は、茶わん蒸しや鍋物の材料としても喜ばれる。

法林寺に伝わる話によれば、南北朝時代の康応3年（1389）の頃、越後の国から諸国行脚の旅に出た比丘尼（びくに）が、ある秋も深まった頃、名戸ヶ谷村にさしかかり、法林寺に一夜の宿を求めた。寺では一室を与えてもてなしたところ、翌朝出立のとき、比丘尼は、「何のお礼もできませんが」と、いちょうの実を取り出し、「この実を蒔くように」と言って立ち去った。その後、この実が育ち、現在のような大木になったという。

また、昔このあたり一帯が大飢饉に見舞われ、村に食べる物がなくなった時、村人はこのいちょうの実で飢えをしのいだという話も伝えられている。

境内をまっすぐ進むと、本堂の手前に弘法大師空海の像が立っており、左手には讃州国分寺、第八十番の札所なども設けられている。

秋を迎え、銀杏が枝もたわわに実ると、近隣の人たちが実を拾いにやってくる。いちょうの木はもろく、伸びすぎた枝が風にあおられ、とつぜん折れることもある。天然記念物といえども危険なため、これまでに2回ほど、やむなく伐採されたことがある。

所在地　柏市名戸ヶ谷1046

（辻野弥生）

妙照寺（みょうしょうじ）の大スギ

柏市随一、樹高20m

案内ルート

妙照寺は柏市大井の小高い台地にあり、日蓮宗・長国山の寺院として歴史がある。

ここを訪ねるには路線バスが便利。柏駅東口から東武バスか坂東バスの旧沼南町行きに乗車し、「中井」か「新中井」の何れかの停留所で降り十字路を手賀沼方行に２００ｍほど歩くと、右手に妙照寺参道門。参道を上り、本堂前境内に着く。もう一つ、駐車場前の急石段の山門入口もある。何れもバス停から６、７分。

威風堂々とした巨木のスギ

境内左手から見上げると、大スギが見下ろしている。

樹高が20ｍもある。幹周りが６ｍあり、威風堂々としたその大きさに見惚れる。当地域の「御神木」として敬（うやま）われている。樹齢は750年と推定されている（大スギ案内版）。とすれば、この大スギの発芽は中世鎌倉時代になろう。

大スギ

この大スギ７ｍくらい高さの幹周りには、太い「注連縄（しめなわ）（〆縄）」が張られている。これも見事な光景だ。〆縄は神聖なものと、不浄との境目に張る縄をいうが、信心を深めれば魔除けと害虫除け等の作用が得られるとされる。

この巨木スギを象徴する、妙照寺住職・瀬川観常（せがわかんじょう）氏が発する文言として、「樹齢７５０年の大スギが皆さまを見守るお寺です」（ブログ発信より）とある。これは寺院の境内にそびえる、大スギへの信心深い表現と言える。

日本民俗学創始者・柳田國男の表現を援用（えんよう）すれば、「先祖の霊は村を見下ろす山から子孫の生活を見守り、春は田の神となって農耕を助ける」とある。この言説には、民衆の「巨木信仰」が含意（がんい）されている（追記参照）。

この大スギは柏市文化財（天然記念物）に指定され、市内唯一の大スギとして、今後も妙照寺の信徒・周辺住民、市当局らにより守られ、台風、強風、積雪にも屈せず〝千年スギ〟に向かって持続成長して行く。

千葉県随一の巨木スギは？

千葉県外房に立つ「清澄（きよすみ）の大スギ」につき、言及する。この大スギは鴨川市の清澄山中の清澄寺境内にある。なんと樹高が43ｍ、幹周りが15ｍとある。樹齢は８００年以上とも推定され、地元では「千年スギ」と呼び、巨木信仰の対象となっている。

「清澄の大スギ」は１９２４年（大正13）に国の重要文化財（天然記念物）に指定された。その前年に起きた関東大震災復興でスギ材の需要が高まったが、文化財指定で厳然と残存した。

鴨川は日蓮上人生誕の地である。清澄寺、妙照寺とも巨木スギを、長い年月を経て境内で成長してきた。

【追記】 本稿執筆に際し、文献資料として掲げる。

- 『沼南風土記』 沼南町編さん委員会
- 『沼南の歴史を歩く』 沼南町教育委員会
- 『柳田國男全集』 文庫版13巻、「先祖の話」 筑摩書房

【結び】 妙照寺には大きい番犬がいて、度々訪ねた。真っ黒な毛並みと、体躯（たいく）が熊に似てクマと呼んだ。番犬の威圧があったが、ここ数年の暑さで弱り、惜しまれて今６月に逝った。大スギの番犬・クマに合掌。

番犬・クマ

（上野健夫）

弘誓院（ぐぜいいん）、雌雄（しゆう）の大銀杏

境内にそそり立つ、二本の大木

名刹、柳戸（やなど）の観音様

弘誓院は柏市東部の、旧沼南町の柳戸という谷地にある。真言宗豊山派の密教寺院で、正式には「蓬萊山（ほうらいさん）　弘誓院　福満寺（ふくまんじ）」と言う。創建は9世紀初頭とされるが、戦乱や大火を経て江戸時代、柳戸の高台から低地に移転し、再建された。

かつては茅葺（かやぶき）だった屋根が戦後、防災と家屋の維持強化のため、「流れ勾配（こうばい）の銅板」（写真参照）に葺き替えられた。青銅色を呈する屋根が夕陽に映え（は）一段と美しい。

弘誓院は「手賀の杜（もり）」を背後とする静寂な地にあり、密教寺院特有の凛（りん）とした風格がある。

本殿には、貴重な秘仏の県指定文化財（60年に一度の御開帳）が収蔵されている。また、「下総観音霊場三十三番巡り」のトリ（霊場最終）を任し、〝柳戸の観音様〟として敬（うやま）われている。

仰（あお）ぎ見る大銀杏

境内にそびえる、雌雄の銀杏の大樹二本を仰ぎ見ると、その大きさに圧倒される。左側手前が雌樹で、10m離れて右側後方が雄樹である。太い幹周りは、雌樹が4・4m、雄樹が4・2mある。一見しても雌樹のほうがどっしりとしている。

一方、樹高については、雌雄とも計測されていない。雄樹のほうが上方の枝が伸び伸びとしている。目測で雄樹は凡そ28m（写真参照）、雌樹は少し低く、約24mと見た。

樹齢も不詳だが、寺院を再建したころに、その銀杏の発芽、植樹を推定するとすれば、江戸時代中期後半（約330年前）と考えられる。

雌樹からはたくさんの実が落ち、子孫を残す。そのための養分を摂取する。この一帯は地中に豊富な水脈があり、加えて適度な陽光を受けて、銀杏が成長し得る環境にある。

文化財・天然記念物

1975年（昭和50）12月、「弘誓院の大銀杏」は、当時の沼南町（現柏市）より文化財指定を受けた。以来、大樹の貴重な天然記念物として保存されている。

柏市ではこのほかに同様の文化財が3点ある。列記すると、①名戸ヶ谷の「法林寺の大イチョウ」（本書122頁参照）、②大井の「妙照寺の大スギ」（本書123頁参照）、③高柳の「善龍寺の五葉松」（本書未記述）。

これら現存の文化財の樹木が、自然災害にもめげずに〝千年の名木〟の未来に向け、更なる成長と樹齢を重ねて行くに違いない。

【寺院へのガイド】 柏駅東口から東武バス。旧沼南町の「手賀の丘公園」行き乗車、「柳戸停留所」下車、徒歩5分。当寺院へは急坂下りと、石段下りもあるが、いずれも雨中時の足元に留意。

【取材協力】 本寺院の鈴木住職にお世話いただいた。

【参考文献】 『柏市史　沼南町史　通史編』『東葛坂道事典』「弘誓院の坂」参照。

（上野健夫）

寺院正面

雌樹（左）雄樹（右）

雄樹前に立つ筆者

酒井根（さかいね）の「下田（しただ）の杜（もり）」

神秘的な深奥（しんおう）の緑地

「下田の杜」は、柏市酒井根という丘陵地の谷津田（やつだ）にある。自然豊かな樹林地として、また多様な生きものたちの生息地としても知られる。ルートはJR南柏駅東口より東武バスで酒井根行き乗車。麗澤大学や光ケ丘団地を経て10分余、「竜光寺前バス停」下車。その寺の敷地角（かど）を右折し、約5分で現地に到達。その瞬間、周りの環境が一変する。神秘的な深奥の緑地と、台地斜面の樹林が目を引く。

「下田の杜」を愛する施策

ここに来て思うには、「良くぞ、この環境が保たれて来た」と感心する。その成果を生んだ要点を列挙する。

①地権者の緑地保全への理解と協力
②自然環境を守り継ぐ近隣住民の熱き思い
③環境保全活動団体の根強い取り組み
④柏市の環境・景観保全施策の展開
⑤地元小学生の野外体験学習の効果

これらの諸点が相関しあって、「下田の杜」への保存意識を高めてきた。戦後、所によっては緑地や斜面の、木々の多くが開発等で失われてきた中で、「下田の杜」は残った。

自然の宝庫

「下田の杜」全域面積は5・4haで、その内2・1haが森と緑の中心地である。観察池・湧水路・稲田・畑作地などと、周りの樹林地で形成される。この一帯は住宅街の真っただ中にあって、自然の宝庫である。また自然との共生の視点から、新規取組みへのモデル地区になった。（注1）。

なお、西方には、古民家の「吉峰荘（きっぽうそう）」がある。さらに徳川時代の面影、「野馬土手（堀）」が歴史的遺産として、原初の形状保存に務めている。

（注1） 環境省が2030年までに、陸と海の30％以下を健全な生態系として保全しようとする世界目標に向け、柏市の「下田の杜」が2023年の「自然共生サイト」に認定された。国内には122カ所あり、県内では6カ所の内の一つが「下田の杜」である。

豊かな樹林地

「下田の杜」を支えているのは、台地斜面の樹林地である。そこから湧き出る湧水が地下水系を辿り低地に流入し、存分な養分を緑地にもたらし、炭素削減に貢献している。

山を見渡すと、樹高のスタジイ、シラカシ、スギ、ケヤキなどが林立している。スタジイとシラカシはいずれもブナ科の常緑樹で、根が深く倒木や崩落を防ぐことから、斜面林の地盤強化に適している。防風林の役目も持つ。スタジイはドングリの果実を生み、野鳥らの好物でもある。

高くそびえ立つ樹木のシラカシは、樹高が20m余あり、幹周りが1・5mから2・5mある。樹齢は古い樹木で推定200年とされ、歴史ある地に相応しい。平地には、アオキやユズリハなど、低木の樹木が若葉を広げている。

「下田の森」の山々

【追記】 本稿取材に際し、NPO法人「下田の杜　里山フォーラム」理事長・北田芳則さんにお世話頂きました。もう一つの団体「下田の杜の自然を守る会」の活動にも注目する次第です。

（上野健夫）

旧吉田家住宅

場所　柏市花野井字原974の1

指定種別　国指定重要文化財（建造物）

旧吉田家住宅は、名主だった吉田家の豪農ぶりが分かる江戸時代末期築造の国重要文化財。

概要　主屋や書院、門、蔵などの8棟の建造物が重要文化財に指定されている。2004年（平成16）、屋敷地と屋敷地前面の芝生地、斜面緑地の約2・2haが吉田家から柏市に遺贈され、その後、建造物調査を経て修復、補強などの整備事業が行なわれた。2009年（平成21）11月3日、旧吉田家住宅は歴史公園として主屋、書院、長屋門の一般公開を開始し、翌年4月1日、修復中であった新蔵も加わり一般公開を開始した。柏市内には様々な名家があるが、花野井の吉田家は、家伝によれば一族の祖は平安時代の当地域の領主であった相馬氏一門に連なるもので、現在43代目と言われている。江戸時代の古文書には、吉田家は主に農業を営みながら名主として栄えたと記載されており、幕府や領主の命に従い村内の諸事全般を取り仕切っていたことが分かる。

旧吉田家住宅の遠景

江戸時代中期頃からは、金融や穀物売買等の事業を開始し、地域の特産となる醤油醸造業も手がけるようになった。また、文政9年（1826）には、関東4か所の幕府直轄の牧の一つ「小金牧」の目付け牧士に任命された。牧士（もくし）とは士分格の役職で、世襲で代々勤め、名字帯刀、乗馬、鉄砲所持が認められていた。以降4代にわたり牧の管理に関わった。明治から昭和にかけては、その財力を活かし事業家として活動したが、これだけにとどまらず、登山やスキーなどスポーツの振興に尽くした。現在でも、自然環境の保全やテニスを中心にスポーツの振興に尽力されている。

長屋門　敷地正面に位置する桁行15間、梁間3間、全長25mに及ぶ長大な平屋建ての東西棟。総けやき造で、要人部屋を備えている。古文書資料により天保2年（1831）2月に築造されたことが判り敷地内で最も古い建造物となる。

長大な長屋門から屋敷内に入ると、茅葺屋根の重厚な作りの主屋、格調の高い書院、コケに覆われた趣のある庭園や屋敷林があり、外の喧騒と一線を画した、時間が止まったようなやすらぎを味わえる。また、屋敷全面に広大な芝生広場もあり、文化と自然をゆったり満喫できる公園である。敷地面積6,518坪（21,511㎡）という広大な土地に、建築面積330坪（1,178㎡）の邸宅が建つ。

旧吉田家住宅の主屋と屋敷林

主屋　主屋敷地中央奥に建てられている大規模な茅葺き農家の主屋。主屋は木造平屋建で、屋根は寄棟造で茅葺き。土間には、広大で重厚な梁組を見ることができる。座敷には3間四方の居間や5畳の仏間など広い部屋が配されていて、仏間の正面には式台が構えられている。主屋の東面には書院が、背面には座敷棟が接続する。

書院　書院主屋の東に渡廊下を介して接続しており、南には庭園が配されている。木造平屋建で、屋根は寄棟造の桟瓦葺き。座敷2室を東西に並べ、四周に縁を廻らす間取りで、東室には1間半の床の間、左右に違い棚、書院を備えている。欄間格子や床周りなどには良質な材料が用いられており、施工も入念で見ごたえがある。

新座敷　主屋の北方に建ち、渡り廊下を介し接続している。屋根は全て桟瓦葺きで座敷部分は一間を6尺（約１８２０㎜）とした柱割りの設計とされている。間取りは、8畳間と6畳間の2室を一組とする座敷二組が納戸を挟んで配置されているのが特徴。古文書の資料より慶応元年（１８６５）に築造されたことが明らかである。

西門　旧吉田家住宅の西端に位置し、西隣りにあった醤油醸造場の正門。門の形式は、一間の薬医門で、木造建で屋根は切妻造、桟瓦葺。古文書資料に西門の記載は見当たらないが、資料中にある安政3年（１８５６）築造の中門の可能性が考えられる。

蔵（向蔵、新蔵、道具蔵、味噌蔵）

向蔵　宅地内の南西隅部に位置し、主屋と向かい合って建っており、桁行5間、梁間2間半の土蔵造り二階建で屋根は寄棟造、桟瓦葺。外壁は白漆喰仕上げの壁面に、黒塗りの下見板を吊り廻している。宝物類を納める蔵として使用された建物で各階内部に棚を造り付けており、本敷地内の蔵の中でも最も上質な造りである。

新蔵　主屋の前庭に面し、桁行6間、梁間3間の木造二階建の蔵で、屋根は寄棟造、桟瓦葺で、西側正面に桟瓦葺の土庇を設けている。道具類を納める蔵として利用され、古文書資料に天保4年（１８３３）の創建の記述がみられる。

道具蔵　長屋門の東に一間ほど離れて建つ木造二階建の蔵。平面は桁行3間半、梁間3間で、一階は建具や醤油製造にともなう道具類など、二階はいすや照明器具など比較的軽量な道具類の収納の場とされている。比較的簡素な造りだが、長屋門、向蔵や塀と共に前面の広い芝生の空地に対し、一連の壁面を構成しており、前面道路から見た吉田家の風景の一端を担っている。

味噌蔵　主屋の北西に位置する桁行3間、梁間2間の小規模な建物で、木造平屋建、屋根は寄棟造、桟瓦葺。外観は黒塗りの下見板で周囲が覆われ、正面左端に瓦葺の庇を持つ出入口を設けている。建築年代は、古文書資料には慶応元年（１８６５）の築造とあるが、１８９４年（明治27）作成の銅版画には描かれていないことから、現在の建物はそれ以後の建築と考えられる。このため、築造年代が不明確であるという理由から、指定からは除外されたが、附（つけたり）として位置づけられた。大正期の利根川改修工事前までは、近くの利根川から、味噌蔵近くまで水路が作られていて水運輸送への配慮がなされていた。

旧吉田家住宅の庭園や屋敷林の主な樹木道路から長屋門に続く道沿いには桜の木があり、春先には長屋門を背景に素敵な風景を醸し出す。長屋門を抜けると、目の前には欅の大木がある。安全上、一部伐採されているが幹の下部には大きなこぶがあり、樹齢を感じさせる。主屋の周りには、20ｍを超す樅木や楠、さわらの大木が見られる。これらの樹木を主体に苔の庭や枯山水（枯池）、竹林、紅葉する木々が配備された庭園があり、長屋門、主屋、書院、数々の蔵と相俟って四季折々に自然の風情を醸し出している。また、敷地の周囲には茶畑があり、近隣の柏市立田中中学校の伝統的な行事「茶摘み」の場として提供されている。私自身、約50年ぶりに旧吉田家を訪ねたが、田中中在学時の茶摘みを思い出すことができ、現在でも続いていることをお聞きし、感慨深い気持ちになった。

貴重な建物と古くからの樹木を一体的に保存できている点、大いに評価できる場所であった。

旧吉田家住宅の屋敷林の巨木

（中山正則）

アクセス　ＪＲ柏駅またはＴＸ柏たなか駅からバス。花野井神社下車徒歩5分。

参考　国指定重要文化財（旧吉田家住宅8棟）旧吉田家住宅歴史公園のＨＰ、パンフレット。

麗澤の森
廣池学園樹林地

「麗澤の森」とよばれる樹林地を擁する廣池学園キャンパスは、総敷地面積が約46万㎡、なんと東京ドーム約10個分に相当する。

はじめにその広さを実感するために学園の周囲をぐるっと巡ってみよう。スタートは松戸、流山、柏の三市が隣接する旧水戸街道沿いの根木内歴史公園。早くも南東方向に森の一端が見える。

直進して、庚申塚バス停先の信号を右折すると左側の浅間神社の森とともに右側から麗澤の森の木々が道路を覆う。アップダウンの激しい坂を上りきると右に学園正門、左に大学の1号棟。その濃い樹林はピークに達し一般道路を走っているとは思えない。

次の信号を右折すると左側は光ケ丘団地、右側の麗澤の森は途切れずに続く。白井方面からの十字路を右折し先を右に入るとグラウンドと学園が運営するゴルフ場が見えてくる。ほぼ一周かと思われるあたりの通称「血流れ坂」を下りきると再び旧水戸街道に出た。

道路を覆う樹木

今回は車を使ったが、歩けば小一時間はかかるだろう。なるほどその広さに納得した。

いうまでもなく「麗澤の森」は大学を始めとする学園内にあるので立ち入りに当たっては申請書を提出することになった。2022年12月はまだコロナ感染の渦中にあったにもかかわらず、窓口になってくれた広報部の阿部希梨香さんは年明け後の3度ほどの取材を含め丁寧に対応してくれた。

資料としていただいた「麗澤の森ゾーニングマップ」によると森全体を大きく4つに分け、保護樹林、利用樹林、景観樹林、公園広場として管理している。都市住宅地の中にある「森」として見事なくらい行き届いた方針であると思う。4つの目的に基づいて色分けされたマップは幼稚園から大学までの建物・校舎の配置と相まってとても美しい。

シダレウメと名木

では早速、森の探索をしてみよう。1回目、2023年2月21日。正門を入ると「ようこそ」とばかりに迎えてくれるのがクスノキである。後述する数多い名木の中でもその位置、威容とも学園の森を代表する樹木である。但し、今回の目的はウメである。

麗澤大学出版会が発行した本に『麗澤の森仁草木に及ぶ』がある。大学で教鞭をとられた井田孝さんの本である。私はこの本を発行された2007年に手にし、何かと参考にさせていただいた。今回も同様であるが、井田さんによれば、学内のウメは130本。種類も多いが、中でもシダレウメは見事だ。寒さの残る冬空に輝くばかりに咲き誇っていた。

この時期はまだ落葉したままの樹木が多く、その分その存在をアピールする姿があちこち見られた。中央広場の真ん中にはケヤキがそびえ立っている。学内には77本あるそうだが、広場に屹立するこのケヤキはとにかく立派である。

もう一本、カイノキが目を惹いた。樹高が20mある大木で、漢字で「楷の木」と書く。楷書の語源になっているという。また孔子とは縁が深く、そういえば足利学校や湯島聖堂でも見たことを思い出した。井田さんの本にある紅葉時の写真が鮮やかだ。

シダレウメ

サクラの並木とトンネル

続いての探訪は3月24日。阿部さんから「サクラが満開ですよ」の連絡をいただいた。麗澤の森の代表と言えばサクラである。柏市内でも有数の花見の名所だ。阿部さんによれば学園内のサクラは25種類、約４８０本あるとのことだ。

ウワミズザクラ、ウスズミザクラ、シダレザクラ、オオシマザクラ、ヤマザクラ…。

現在、国内で流通している栽培品種は１００種類ほどというから、麗澤の森の中でその4分の1を見ることが出来るのである。そして、今回、久しぶりにソメイヨシノの桜並木を見ることも出来た。40年ほど前、当地に転居して以来の再会である。少し老木になっただろうか。でも見事な並木に変りはなかった。

更には、今回とっておきのスポットとして阿部さんに「桜のトンネル」に案内していただいた。本部と大学キャンパスをつなぐ高架歩道（下は一般道路）に覆いかぶさって咲き誇るソメイヨシノのトンネルである。「インスタ映え」する光景であろうか。ここ数年、桜並木の一般開放はコロナ禍の影響で制約を余儀なくされているが、早期の復活を待ち望みたいと思う。

桜のトンネル

ヒトツバタゴ

さて3回目、まとめともいうべき今回の取材は噂のヒトツバタゴである。4月24日、阿部さんから「ヒトツバタゴ満開です」の一報。恐縮至極である。サクラ同様、こちらも早い開花である。今回は総務部の小嶋孝浩さんにも同道していただいた。

井田さんの本によれば、「今や学園の名物」。麗澤の森のシンボルともいうべき樹木である。研究者からもその立派さを称賛されたとのことだ。たまたま観ていたNHK朝ドラの「らんまん」で主人公が「陸軍練兵場そばにナンジャモンジャがありました」と言うと、教授が「ヒトツバタゴの標本ならもうあるぞ」と応える場面があった。驚いたことに練兵場の樹木については井田さんも触れていた。

ヒトツバタゴ

またの名は「ナンジャモンジャ」。井田さんは「中国、韓国、台湾に分布するが、日本では対馬と木曽川沿岸の限られた場所に点在する絶滅危急種である」と書いている。

うす曇りの天候の中、雪を被ったように盛り上がる花を見て思わず「カリフラワーのようですね」と的外れの感想をのべてお二人に笑われた。

満開のヒトツバタゴを前にして今回の取材の目的を達成したような感懐に襲われた。

以上、広大な「麗澤の森」のホンの一端を紹介させていただいた。阿部さんによれば、学園内の樹木の種類は約３００。総本数は約１５，０００本とのことである。大木から小さな花まで、これだけの花木が生き生きと息づく様は圧巻というほかない。この貴重な「森」を育み、維持されている廣池学園の方々に敬意を表したいと思う。とりわけ、取材でお世話になった阿部さんと小嶋さんには厚くお礼を申し上げます。

（吉田次雄）

参考資料

1 『麗澤の森 仁草木に及ぶ』井田孝著
2 「麗澤の森 ゾーニングマップ」

千葉県立 柏の葉公園

概略

1979年、米軍柏通信所が全面返還された。1981年には、国・千葉県・柏市三者間の覚書に沿って一部（45 ha）が柏の葉公園として整備されることになった。運動施設が次々整備されるとともに、多種類の樹木林、花壇など自然も楽しめる場になっている。

台帳によると、2019年当時、樹木は低木から高木まで合わせて115種、37,470本とある。（1991年には、35,787本）

園内で一番多いのは、シラカシで200本弱あった。ナツツバキ、ケヤキなども多い。しかし、1980年代以降、集団的に発生しているカシノナガキクイムシの被害、いわゆる「ナラ枯れ」がこの公園でも広がっており、本数は減少している。コナラ、クヌギ、マテバシイ、シラカシ、カシワなどが被害を受けている。（被害樹木が、2022年には、2年前の2本から400本に急増している）

大きい木

公園センターのすぐ前にも、立派なケヤキが目に入る。ケヤキは枝が幹の途中から伸びるため、下を通る人や車の邪魔にならず、街路樹向きとのこと。

園内各所にあるケヤキ

公園中央の池の近くには、高さ20m前後のメタセコイアが数本あり、よく似たラクウショウも近くに並んでいる。秋の黄葉も美しい。

その他、同じ位の樹高のトチノキやさらに30mにも達するヒマラヤスギ（マツの仲間）が聳え立つ。

メタセコイア（スギ科メタセコイア属）

ラクウショウ（ヒノキ科ヌマスギ属）

ヒマラヤスギ　太いものは、幹回りが約250㎝

高さ10m以上になるクスノキ

柏の葉公園では、年に2～3回、テーマを決めて園内ツアーが企画され、それぞれの専門家の案内で自然観察を楽しむことができる。

'22年10月「秋の園内を散策しよう」

実がなる植物・樹木と紅葉の様子を中心に見て回った。

園内にある食べられる果樹は、イチョウ、ビワ、ウメ、カキ、カリン、クワ、クリ、ヤマモモ、ザクロ、グミなど。

　食べられる木の実は、ドングリ（ブナ科、マテバシイ・大きい、スダジイ・小さい）、トチノキ、ヤマボウシ、イチイ、クサボケ、キャラボク、ハマナス、ガマズミ、サクラ、イヌマキなど。

　ただし、厳密には公園法で、ドングリ1個落ち葉1枚持ち帰ってはいけないとの注意もあった。

　左下は、近くにあるヒイラギとギンモクセイの雑種といわれる。白い花と芳香が特徴。

カツラ
黄葉するとワタアメのような甘い香りが漂う

右：スダジイのドングリ
電子レンジで少し加熱するだけで食べられおいしい。
左：コナラのドングリ

モミジバフウの雌花の実
下はその手芸品

‘23年4月「サクラの観察をしてみよう」
時期になると、大変詳しい桜散策コースMAPが作られる。
　園内には、28種800本の桜があり、うち半数は桜の広場にある。
　また、野球場と総合競技場の間には桜並木があり、フェンスに沿っても様々な品種が植えられている。ウコン（鬱金）やギョイコウ（御衣黄）など、花が緑系の桜がこれだけまとまって植えられている公園は珍しいそうだ。

ヒイラギモクセイ
（モクセイ科
モクセイ属）

　近くに、桜の中で一番美しいともいわれるショウゲツ（松月）もある。八重咲きで花びらは、22～33枚もある。

　特に印象に残っているのは、ケヤキ並木の中に1本だけポツンとある実生のオオシマザクラである。普通、実生で花が咲くまで20年といわれる。鉢植えなどで、根をいじめると7～8年。ケヤキ並木のコンクリートますの中に生えてきたので、早めに咲いたのではないかと説明があった。

オオシマザクラ

〈**ガイド**〉
千葉県立柏の葉公園
柏駅よりバスで約20分
TX柏の葉キャンパス駅よりバスで5分または徒歩20分程度
〈**参考**〉
千葉県立柏の葉公園　オフィシャルHP

（平井篤子）

こんぶくろ池自然博物公園

市民で育てる100年の森

はじめに

こんぶくろ池自然博物公園（以下、こんぶくろ池公園）は、つくばエクスプレスの柏の葉キャンパス駅近く、高層マンション群や大学に加え研究機関が集まる「柏の葉スマートシティー」に隣接する。標高15～19mのほぼ平坦な北総台地上で、広さは東京ドーム約4個分に相当する約18・5ha。都市化が進む地域の中で、「こんぶくろ池」「弁天池」などの湧水池と、多様な生態系を有する森の公園である。

①台地の上から湧き出すタイプの湧水「こんぶくろ池」

同公園ハンドブックには、公園の特徴として以下4点が挙げられている。

①珍しいタイプの湧水
②人が関わって維持された雑木林と草原
③変化する環境
④冷温帯の植物群が残る場所

公園のマップを下段に掲載する。国立がん研究センター東側の「こんぶくろ池エリア」だけでなく、その南東、柏の葉キャンパス駅から徒歩約10分の「1号近隣公園エリア」（柏ゴルフ倶楽部跡地）も公園である。そして、2つのエリアをつなぐ部分も、将来的には同公園となる予定である。

また、「こんぶくろ池エリア」では、柏市から管理を委託された「NPO法人こんぶくろ池自然の森」（以下NPO）が、整備・保全・調査・環境教育などを行っている。

公園周辺の歴史

前掲した公園の特徴③にあるように、同公園が位置する柏北部は何度も大きな変化にさらされてきた。

江戸時代、現在の野田市から千葉市にかけて、野馬を放牧する幕府直轄の小金五牧が設置され、こんぶくろ池公園周辺は五牧のうちの高田台牧にあった。当時の史料からさらに、「幕府が所有する御林か村々の所有する地頭林であり、クヌギが多く植栽されていた。そこは牧付近の野付村の人々が定期的に下草を刈ったり、薪炭用に木を切っていたために、現在の森よりは明るく、野馬の生育に適した環境だった」と推測されている。

明治初頭になると、新政府による開墾事業

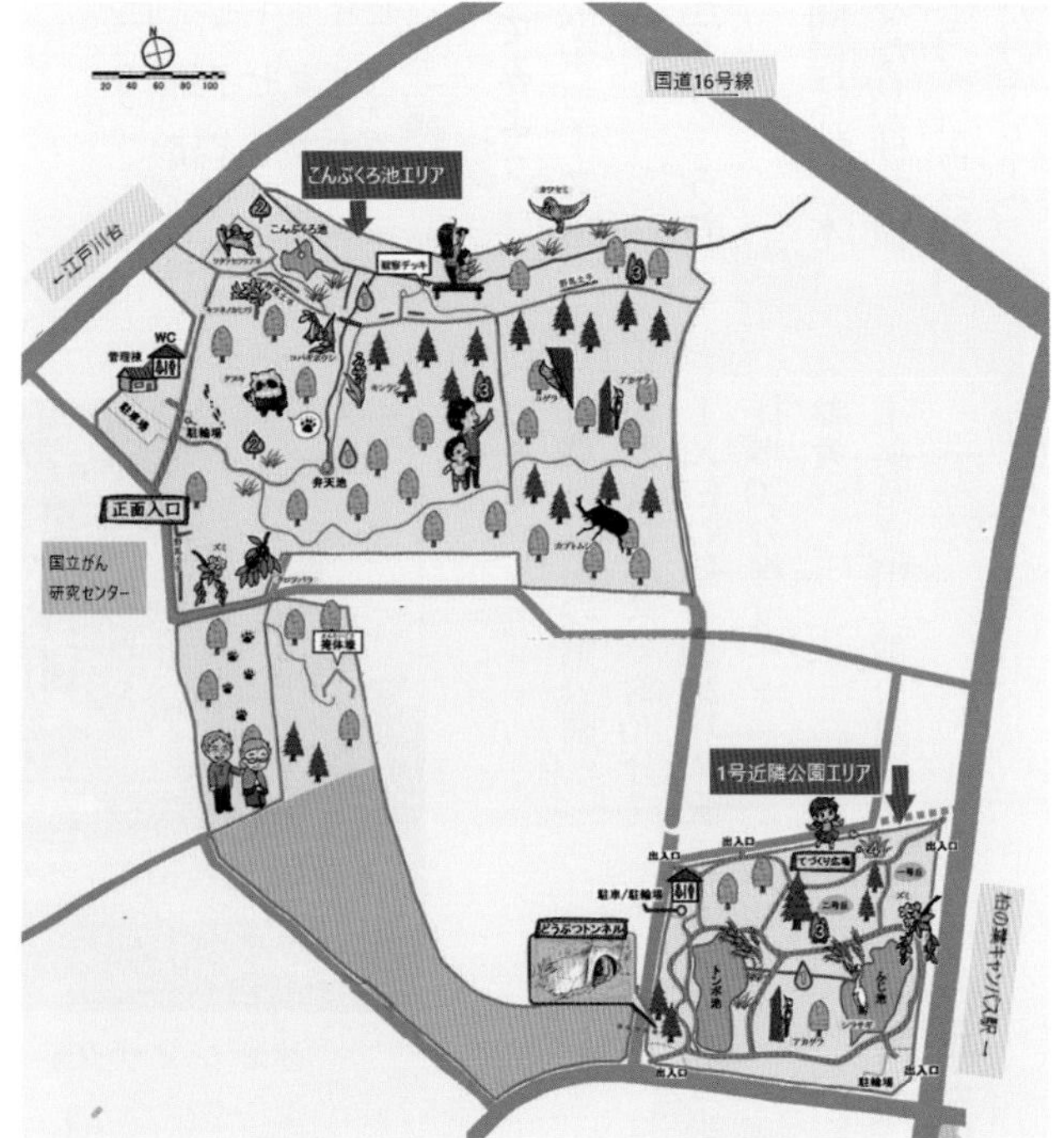

②こんぶくろ池公園。リーフレット掲載の地図に加筆

が始まり、公園周辺は十余二村となった。しかし、こんぶくろ池の周囲6反は湿地であり、当時の史料をもとに作成された土地利用図を見ても、付近は雑木林のままである。

その後、1938年（昭和13）に、陸軍・柏飛行場が田中村十余二に建設。戦後は、飛行場跡地の開墾、米軍基地の開設と返還、再開発を経て、柏の葉全体は大きく姿を変えた。こんぶくろ池の南側には、柏ゴルフ倶楽部も開業した（1961〜2001年）。

ただ、こんぶくろ池周辺の森は湿地が多かったせいか、戦時中には飛行場の隣接地として、掩体壕や秋水燃料庫など小規模な軍事施設や兵舎が少し建造されただけと伝わっている。また戦後も、やはり開発を免れた。そして2005年（平成17）、つくばエクスプレスが開通した年に、「公園整備基本計画策定調査報告書」が発行され、こんぶくろ池公園の整備が始まることになる。

公園の自然と植生

こんぶくろ池公園の自然や植生の大きな特徴は、「多様な生態系で構成されている」ことと、「冷温帯の希少な植物群が残っている」ことである。

【多様な生態系で構成】

多様な生態系が維持されるためには、多様な「場」が必要である。園内には雑木林（スギ林含む）、林縁、草原、湧水と湿地環境という、条件の大きく異なる場所が存在する。

雑木林では日当たりのよい場所を好むコナラ・クヌギ・クリ・アカマツなどが育ち、江戸時代に薪や炭にするための木を植えた薪炭林のなごりも見られる。林縁は日当たりがよく、様々な植物が生育する場所で、ハシバミなどが生育している。草原は約10年前に笹刈りを行ってからそのまま維持しているが、全国的にも千葉県でも希少なノジトラノオがよみがえった。

③写真上：イヌシデ、
④写真下：ウワミズザクラ

千葉県は現在、全域「暖温帯域」である。暖温帯域では通常ならシラカシやスダジイなどが大きく成長する「陰樹林」に遷移するが、こんぶくろ池公園の森は里山として利用され続けた結果「陰樹林」にはならず、多くの部分を「陽樹・陰樹混交林」が占めることとなった。

ゴルフ場跡地の1号近隣公園エリアも、閉園から20数年が経過して2次遷移が進み、ア

⑤ウメモドキ。湿地でよく見られる

カメガシワなどが伸びて林のような様相を呈している。一方、湿性環境にあってゴルフ場時代もあまり手がつけられなかったふじ池周辺では、ズミやヌマガヤなどが見られる。

【冷温帯の希少な植物群】

前述したように、暖温帯域の柏市に、なぜ冷温帯域の植物が生育しているのか。それには、こんぶくろ池・弁天池といった湧水の存在、また台地の上で湧き出すという珍しいタイプであることも影響を与えているという。

「降ったばかりの雨水が湧き出す湧水タイプなので、水質は弱酸性で土壌に養分が定着しにくく、貧栄養」「湧水があるので、特に夏場は周辺環境より気温が低い」「湿地で地下水位が高いため、土壌中の空気の割合が少ない。そのために冷温帯性湿性植物が、暖温帯性の森林樹木などに駆逐されなかった」「江戸時代に牧であったため、馬による食害で成長力の強い種の繁茂を妨げた」「里山として利用　され続けたので林床の明るさが保てた」などが考えられるとされる。

冷温帯植物群（草本も含む）を挙げると、園内に約50株が自生するズミ、約180株以上が自生するヌマガヤ、その他クロツバラやサワシロギクなど。いずれも千葉県にあることが珍しく、千葉県レッドデータブック（2023年改訂版）でのカテゴリーはB（重要保護）である。

⑥ズミ。千葉県では非常に希少な冷温帯植物

⑦標本展示会（2021年５月）。ＮＰＯにより作られた標本が並んだ

【その他の生物】

●昆虫＝千葉県昆虫談話会による昆虫相調査（2018〜2019）で、15目250科1786種を確認。そのうち39種は千葉県レッドリスト掲載種で国内初記録種2種も確認

●クモ＝公園周辺で150種類前後の生息が推測される

●鳥＝公園及び周辺には約50種類が訪れる

※標本＝ＮＰＯにより作り続けられている植物標本は2022年現在で476種（種子植物436種、シダ植物40種）。また同年4月、千葉県昆虫談話会より昆虫標本11目127科556種1016頭（予備を含めると1172頭）がＮＰＯに寄贈された。

NPOの活動

こんぶくろ池公園には、40数年前から市民ボランティアが清掃や調査活動を行ってきた歴史がある。1980年から「こんぶくろ池保存の会（〜1992年）」、1995年から「こんぶくろ池を考える会」（〜2010年）が活動し、2010年に現在の「ＮＰＯ法人こんぶくろ池自然の森」が設立された。以来、熱心な活動が続いており、各所で高い評価を得ている。内容詳細、受賞は次の通り。

【活動内容】

①里山保全＝園路整備、下草刈り、間伐材でのベンチ制作。ナラ枯れが急増しているため、落葉広葉樹を育成（被害木の伐採、カシノナガキクイムシの脱出を防止するネット巻きは柏市が実施）

②希少植物等の保全・再生（実生苗の植栽等）＝クロツバラ・サワシロギク・ズミ・ヌマガヤ等。また、公園周辺の開発にともない侵入してくる外来生物の駆除

③モニタリング＝園内の植生、昆虫・土壌動物等、水質・水量などの継続調査

④環境教育＝自然観察会、昆虫観察会、標本展示会などを開催。校外学習で訪れる小中学生や幼稚園児をガイド

【受賞（抜粋）】

●（公財）日本自然保護協会「沼田眞賞」（２０１１年）

●（公社）日本ユネスコ協会連盟「プロジェクト未来遺産」に登録（２０２３年）

●千葉県「ちば文化資産」に選定（２０２３年）

⑧笹刈りを行い、草地を維持したら、希少なノジトラノオがよみがえった

⑨湿地エリアの散策のために木道を設置

史跡の整備・公開

こんぶくろ池公園には、江戸時代の野馬土手、太平洋戦争時の掩体壕（戦闘機を敵の爆撃や爆風から守る壕）やロケット戦闘機「秋水」の燃料庫（推進剤貯蔵施設）が残っている。野馬土手・掩体壕は土で築かれた遺構で、すでに整備・公開されている。下水道管などに使用されるヒューム管で造られた秋水の燃料庫は、１号近隣公園エリアにあり一旦埋め戻されたが、今後、整備して公開される予定である（写真下）。

⑩ロケット戦闘機「秋水」の燃料庫

▼

写真・図＝図②は「こんぶくろ池自然博物公園リーフレット」のマップに加筆、写真③④⑤⑥⑧⑨はＮＰＯ提供、その他は筆者撮影

参考文献＝『千葉学ブックレット　市民の力で湧水自然を守る・柏市こんぶくろ池物語　第２版』（ＮＰＯとアドバイザー会議）／「改訂版　こんぶくろ池自然博物公園ハンドブック」（ＮＰＯ）／「こんぶくろ池自然博物公園リーフレット」（ＮＰＯ）／「修景千葉　第４号」（一般財団法人日本造園修景協会千葉県支部）／「千葉県の保護上重要な野生生物―千葉県レッドデータブック―植物・菌類編　２０２３年改訂版」（千葉県）

▲

（浦久淳子）

水戸街道松並木の消滅

最後の松並木

江戸時代の風情を伝えた旧水戸街道の松並木（以下、松並木）が消えて間もなく50年近くになる。最後の、古木の黒松は１９８０年（昭和55）５月に、千葉銀行南柏支店の十字路から松戸市小金に向かい右側50ｍ先にあった。前年の秋口に先端部から枯れ始めてきた。高さ25ｍ弱で、管理者の東葛土木事務所が１９８０年６月初めに切り倒した。

老松は植えられて推定３００年余であったと思う。松の木の西側には向小金新田の染井家先から旧水戸街道に沿って延びる野馬土手があり、松は土手の直近にあった。樹齢を調べに切り口を見に行ったが、根元部分は空洞化がすすみ年輪を確かめることができなかった。現在、その場所には新築アパートができている。

松並木は私の生活圏であったので、その「末期」を柏の文化財と自然を守る会の会報「郷土と自然」に１９７４年（22号）から１９８０年の48号まで長短９回投稿した。１９７４年の18号から編集担当になったので、会報の空欄に字数を合わせて書いたと記憶する。

当時、全国的に松枯れが拡がり日本各地の名松が消滅していた。農林省林業試験場は１９７１年に松枯れの原因を、ゴマダラカミキリが中間宿主のマツノザイセンチュウによると発表したのでその説を受け売りしてきた。また、大気汚染によるマツノザイセンチュウの天敵であるダニの減少も加わるといわれた。

言い伝えと資料

松並木の植樹にかかわる人物は、口伝では水戸の徳川光圀（黄門・１６２８―１７００）と初代綿貫夏衛門政家（１５６３―１６４６）といわれている。綿貫は光圀から20両をもらい受け、松千本を小金牧中の旧水戸街道両側に植えたといわれる。両者の年齢に不自然な差があるが、言い伝えを受け取ることにする。

政家が亡くなったのは正保３年（１６４６）。当時、光圀は18歳で父頼房の死去は寛文１年（１６６１）である。柏市内の「元」水戸街道の道筋は現在の「旧」と大きく違い、根木内―呼塚間は根木内から塚崎、戸張を通って手賀沼南岸から呼塚に達していた。現在のように常磐線に沿って北上した道路に改修したのは正保年間である。

流山市向小金新田は旧水戸街道（現在の県道）の新設工事とともに入植がはじまった。北側に位置する今谷新田と小金上町新田（１９５０年に合併し今谷上町）が新田村として高入れするのは享保期である。松並木植樹のころ、両新田はなく、まだ未開墾の小金牧であった。

松並木の植樹は、推定では小金牧であった向小金新田への入植・開墾が始まったころである。新道の旧水戸街道の工事と重なったころと推察している。向小金新田の境から北上し柏神社（柏天王様）の手前までは小金牧の中であった。向小金新田の北端染井家―千葉銀行柏支店間は２、６８０ｍ、その両側に松１、０００本が植えられた。片側５００本。計算上は５・４ｍ間隔で植えたことになる。

だが、柏の人たちが目にした戦後の松並木は南柏の今谷上町付近と千葉銀行南柏支店の向小金新田寄りであった。

江戸時代から昭和初めまでの南柏松並木

向小金新田に生まれた故鈴木幸助（１８９９年生まれ）に聞くと、大正年間には「東武野田線（柏―船橋間は１９２３年12月開業）付近まで松の木がまばらに残っていた」が道端に入植した開墾者が伐り、薪にしたという。また、今谷新田と小金上町新田の松並木は大正末まで鬱蒼と茂り、それが１９３７年の日中戦争ごろまで続いていた。鈴木の記憶によると、旧水戸街道がアスファルトになったのは１９４４年。その頃は、今谷新田で25本ほど、いまの南柏駅（１９５３年開業）入口付近で30本ほど、駅付近から小金上町新田北端の新木戸まで25本ほど。全体で80～90本ほどあった。最盛期には両側の枝が道路上でトンネル状に重なり合っていた。どうもアスファルトの舗装後に松枯れが進んだようだ。

『柏市史資料編・八』を読む。

文化３年〈１８０６〉４月、今谷新田名主今谷之助（三上氏・昭花園。小金上町新田と「双子新田」のため名主は小金上町新田大熊家とで担った）が旧水戸街道松並木について浅岡彦四郎（天領信州塩尻支配、元禄～幕末まで小金町支配者の１人）役所からの問い合わせに答えている。文書には松並木の管理区分がある。

享保年中〈１７１６—３５〉に小宮山杢之進（享保６年、吉宗の命を受け検地、小金原の開墾、代官）が松並木を検地している。範囲は小金上町新田の新木戸から柏村元木戸（柏木戸・柏神社付近、その間の距離１，８００ｍ）までである。この範囲の小金牧内の松並木は、野馬奉行綿貫夏右衛門の管理となっている。

また、今谷新田と小金上町新田の松並木は両新田の竹垣三右衛門（代官）の支配所が管理し、両新田民が手続きや保存作業をしていた。文化４年（１８０７）２月の資料を見ると、今谷之助は松並木の松が立ち枯れしたので伐採の願書を小金御厩役所（綿貫家）に出している。

願書には「９本の立ち枯れの松を切りたいが、承知されれば切った跡に松苗を20本植えます」という内容である。承諾したかは資料集にないが、今谷之助の追加文書には「枯れ木を切らせていただいた。そのあとに松苗は枯れ木を切った跡だけでなく、松の混み合いが少なくなったところを含めて、先の申し出より30本多い50本植えた」と報告している。好印象を受けるため多く植えたと思われる。

資料には労賃と苗木の費用負担は出ていないが、当時の今谷新田、小金上町新田とも各２～３軒の戸数と人手が少ないなかで、新田農民の負担が多であった。枯れた松の木は村人の燃料に使われたと思われる。

時代は明治になる。１８７１年（明治４）、今谷新田と小金上町新田は葛飾郡にそれぞれの区域の松並木の実態報告をしている。報告者は下総国葛飾郡小金町組合の両新田名をあげ、提出者は三上今谷之助と「氏名」を記している。報告書には今谷新田北端から開墾地境の豊四季までの距離（松並木は両側、以下同じ）、２７０ｍ（地図での実測は３００ｍ）。この間の松の木の「大」は30本、「小」７本、大小合わせた見積評価額は10両２分とある。

事例を「大」の木で示すと、目通し１・95ｍ（尺寸をメートルに換算）、枝下２・７ｍ。目通しとは大人の目の高さにおける木の周りの太さ、枝下は松の木の立つ地面から一番下の枝までの高さを指す。30本のうち、枝ぶりが見栄えのよい一番太い木は３・９ｍ、次いで２・７ｍ、２・５ｍと続く。次は向小金新田の北境から小金上町新田との南境まで３０６ｍ（地図実測も同じ）の間である。この間、数えた松の木は、大は24本、ほか小木15本である。一番太い木は目通しの太さ４・５ｍであるので、直径は１・５ｍほどになる。

松並木壊滅へ

１９７４年から４回調査の経過を説明する。松並木の写真は旧水戸街道の今谷交差点十字路を前にした稲荷神社から柏方面に向い撮った写真が多い。１９７４年ごろは、右角が当時自転車屋で背後に高さ23ｍほどの大きな黒松が数本あった。

柏に向かって左角はパン屋で店を取り巻くように高さ23ｍ余の黒松がまっすぐに伸びていた。樹齢は両側とも１８０年ほどで、江戸末期に捕植されたと推定する。駅側には旧水戸街道沿いに野馬土手があり、土手の周辺に歌川広重の浮世絵風赤松の古木が３本あったが、１９７４年には１本になった。同じく１９７４年南柏駅東側交差点、柏に向かい右側３本、左側５本あった。右側の３本が枯れて切られ、１９７７年には３本、１９８１年２本になった。１９７８年、多くの写真に撮られてきた南柏駅に近いパン屋店先の生の松が切られた。２００年ほどの格好のとれた松であった。

「県有地ですが許可をうけたのですか」と女主人に聞いた。「東葛土木事務所で許可を受けた」「後ろの家でも２本切った」という。「１本30万円、後ろでは２本で１００万円の自己負担」と教えてくれた。個人で切った理由は商売の邪魔、年中松葉が落ち、樋がつまる、風の日枯れ枝が折れてあぶないなど話してくれた。数日後、東葛土木事務所を訪ね聞いたところ、「住民の生活、商売にとって不便である」ことから判断したといわれた。

（相原正義）

消えた松並木

A　老赤松、昭和 50 年４月に枯れる
B　樹齢 180 年ほど、昭和 52 年秋枯れる
C　樹齢 250 年ほど、昭和 53 年９月生木切る
D　樹齢 180 年ほど、昭和 53 年９月生木切る
E　樹齢 160 年ほど、昭和 53 年 11 月枯れる
F　樹齢 180 年ほど、昭和 54 年３月枯れる
G　松並木最後の黒松、昭和 55 年６月に枯れ切る

（昭和 49 年 11 月調査記録し昭和 52 年２月１日再調査、
地図は昭和 55 年５月に加筆）

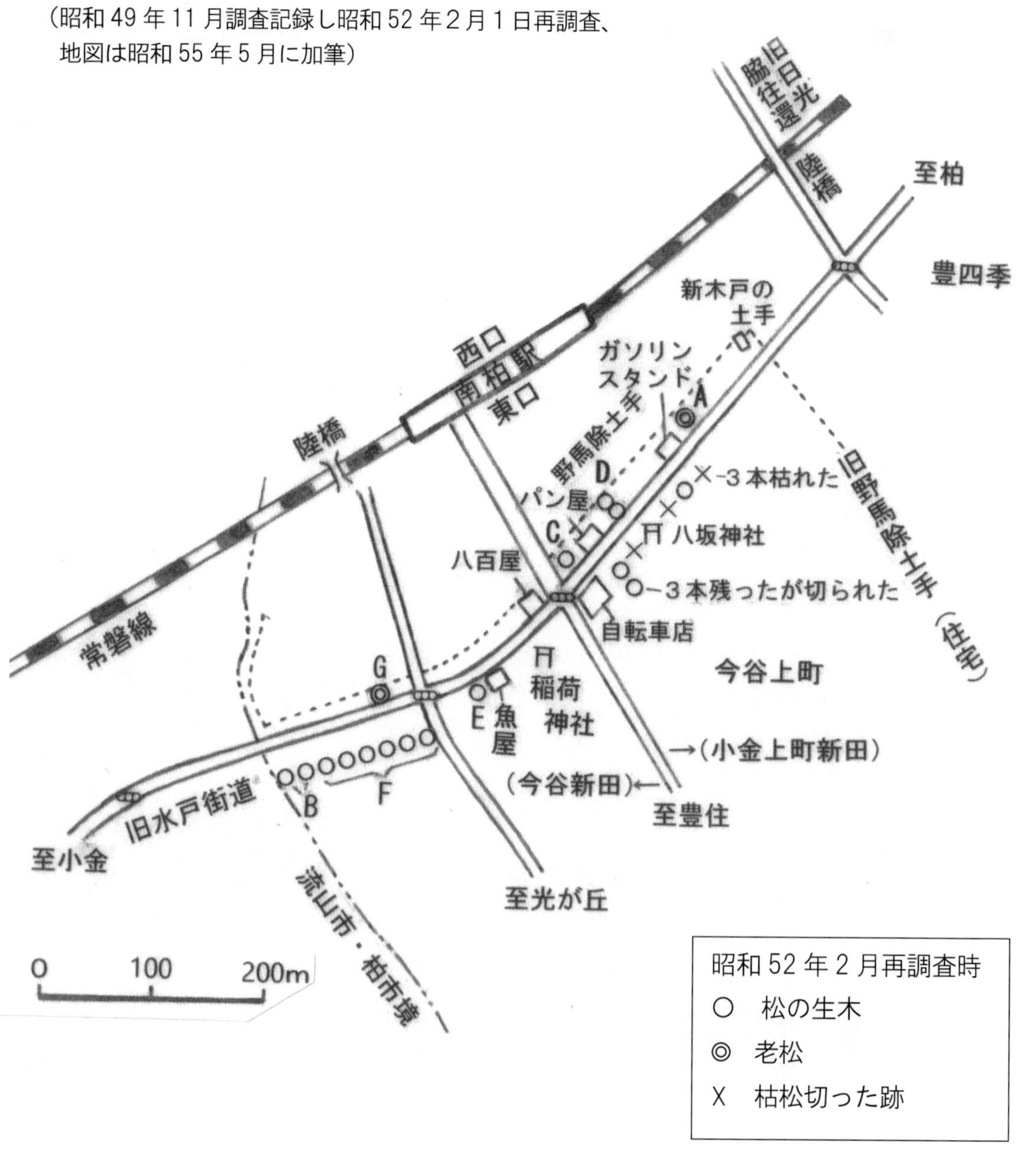

逆井と高柳の斜面林

カタクリ群生地と、こもれびの坂

豊富な自然環境資源―斜面林

東葛地域の斜面林周辺の稲田では、湧き出る湧水(ゆうすい)を水源にし、耕作地を潤(うるお)してきた。開発しにくい地にある斜面林は、根の深い木々に守られ、「土砂崩れ」を防いできた。森林破壊につながる斜面林の伐採をタブー（禁止行為）としてきた所以(ゆえん)だ。更には、多様な生き物たちが生息しやすい環境としても、斜面林がその役目をもつ。また稀少植物が自生する所でもある。

斜面林に咲くカタクリ群

視点を変え、柏市逆井の斜面林に咲く「カタクリ群生地」を取り上げてみる。

東武野田線「逆井駅」から徒歩8分。同駅西口を出て、線路沿いを「高柳駅」方向へ400mほど進み、踏切を渡る。その先の坂を下ると、斜面林とカタクリ群生地がある。100m余の長さにわたる。

逆井の斜面林

カタクリは開花期が短い、はかない山野草で、北総台地でも限られた適地(てきち)にしか生育しないという。分類ではユリ科カタクリ属の多年草である。3月下旬から4月上旬の桜開花期と重なる。紫紅色の花が斜面いっぱいに咲く。その光景は見事だ。柏市はこの「カタクリ群生地」を「指定文化財（天然記念物）」とした。開花期、当地に訪れる観賞者が増え、臨時駐車場の設置や露店も出る。

斜面は海抜20mくらいの高台にある。シイやカシの照葉樹林が林立し、一帯の地盤を守っている。カタクリ群生地を保全するため、強度な垣根が設置され、群生地は無論のこと、斜面の森にも踏み入れられない。幹周りは不詳、樹高は高台から25m余ある。斜面にまで陽が届くよう、根の浅いスギを間伐した形跡がある。

「こもれびの坂」の斜面林

柏市の上記隣駅の「高柳駅」下車。同駅東口から駅前通りを直進、県道8号・船取線とのT字路を右折し20m先の医療クリニックを左折。道なり進むと、「こもれびの坂」に到達する。徒歩10分。

カタクリ群生地

坂はこんもりとする斜面林（スギ、シイ、カシ等）で覆われている。ある種の〝森の回廊〟といった雰囲気を醸し出す。

海抜は斜面高台で15m、樹高は高い樹木で20m、幹幅3mから4m、樹齢は不詳である。

昨夏8月下旬、この坂を上り下りした。坂上から「斜面林」の木々の間(あいだ)に陽が差し込む。これが美しく、「こもれびの坂」と称される。

坂下の低地50m先に大津川が流れている。住民・市民の浄化運動の成果もあり、近くの「カニウチ橋」から眺めると、だいぶきれいな流れになった。

この斜面林一帯は地権者の協力のもとに柏市が管理し、「カシニワ制度」や「大津川をきれいにする会」など、市民と協働しあって、環境美化・保全に務めている。

（上野健夫）

高柳のこもれびの坂の斜面林

ウツギは木釘の原材料

1869年（明治2）11月、東京から豊四季に入植した開拓民は関東ローム層の荒れ地を耕作していたが作物の収穫量があがらず、副業に生活の安定をもとめた。

豊四季の開拓民の副業は大きく2つに分かれた。日光脇往還の柏第2小学校から北の地域はウツギ（空木）を材料に木釘を作る。南方面は萱の一種ササメを材料に蓑をつくった。ウツギもササメも豊四季の原っぱに自生していた。はじめ材料は住居の近くで手に入り、苦労は少なかった。

ウツギと木釘づくり

和名ウツギはアジサイ科ウツギ属の低木で、幹は中空（空洞）であることから命名されたという。別名は卯の花（十二支で兎）。旧暦の4月に白い小さな鐘状の花が咲く。筆者の生地岩手県では豆腐の「おから」を「卯の花」ともいった。

唱歌「夏は来ぬ」に、

「卯の花の　匂う垣根に
時鳥（ほととぎす）　早やもきなきて…」

ほととぎす＝カッコー鳥は季節を先取りして早くも鳴きはじめたと唱歌にある。卯の花は農家の生垣や畑の境木として植えられていた。高さ1・2～1・5ｍの灌木である。

ウツギは材質が硬い。でも鉋（かんな）の歯がこぼれないことから木釘の材料にされた。面積600haを超える豊四季は地番として10に区分された。木釘生産の盛んなところは、1区の木釘記念碑ある永寿稲荷神社付近から柏第2小学校まで。1区の南は3区と2区で、蓑の生産が盛んであった。3区は柏第2小学校から東葛高校付近、2区は常磐線を超えた東側の旧水戸街道沿いである（1，2，3区は1958年発行地理院地形図2万5000分の1による、旧制東葛中学は1924年4月創立、常磐線は1896年開通）。

木釘記念碑によると、木釘の副業は開墾当初にさかのぼり、大正初期から昭和10年代まで50～60軒が製造をしていた。「柏のむかし」によると、1913年には十余二でも年産3，262kgが生産されたとある。

木釘づくりの時期は11月から3月いっぱいの農閑期。作業の多くは庭先に別図のような寒さ避けのムロのなかで作業をした。

1978年に、木釘づくりの現役であった1区の秋山信一郎さん〈1905年生まれ〉を訪ねた。「戦前は早朝から夜の9時、10時まで夫婦で木釘づくりをした」といわれる。

豊四季全域には仲買人が10人ほどいて、お得意の農家に木釘を集荷に来た。農家では庭先で契約した仲買人に手渡した。秋山さんの木釘は仲買人を通して春日部の桐タンス製造業者（ハコヤ）にわたされた。

木釘製造者の心配は原料のウツギ不足であった。秋山さんの母親は近所の3，4人で、早朝徒歩でウツギを採りに出かけた。初めは家から比較的に近い酒井根、金ケ作、そして五香六実や初富と遠くになる。時には足を延ばし船橋市行田の海軍無線塔（本塔は高さ200ｍ、副塔60ｍ、18本、1915年設置、1971年解体）が見えるところまで行き、束を背負って20時過ぎに帰った。初富まで直線で片道12㎞、初富から3㎞先の、現在の二和向台駅付近から無線塔を眺め帰る。

原料ウツギは房総半島から

1923年12月には柏・船橋間に北総鉄道（現東武野田線）が開通する。開墾が進み、旧小金牧のウツギ採りは限界に達した。木釘の仲買人は新産地からの鉄道輸送を考えた。新産地は房総半島のほぼ中央の大多喜町と現君津市亀山ダム付近。久留里線が1912年（大正1）に開通していた。輸送は上総亀山―木更津―豊四季と思われる。

仲買人らは注文を受けた人たちを、豊四季駅前の広場に集めた。

大多喜・上総亀山からのウツギは1人分、10束を単位に豊四季駅前に並べた。1束は周囲1・35ｍ、長さ1ｍ、重量60㎏。1人分の枠には、1から番号がつけられた。注文者はくじ引きで決め持ち帰る。

良質のウツギは真っすぐで枝節が少ない木の束である。山の北斜面の木は日陰になる時間が長いため枝数が少なく木釘づくりに好まれたが、南面に生えた木は小枝が多く、その束は番号最後に近い人が持ち帰った。大多喜では地元の農家の人たちが晩秋から冬にかけて親方に雇われる。材質は上・中・下に選別され賃払いされたようである。

1937年に始まった日中戦争になると、仲買人はトラックを雇い、注文先の各農家にくばるようになった。だが、太平洋戦争が激しくなると、内外の事情でタンスは売れなくなる。「ぜいたくは敵」「欲しがりません、勝つまでは」とつつましい生活を強いる。

戦後の木釘づくりは減少に向かった。秋山さんによると、1950年ごろまで仲買人に納品していた。春日部のタンス屋さんは和ダンス(桐ダンス)、茶ダンスづくりの注文が減って、洋服ダンスと整理ダンス(引き出しが多い)に変わった。

木釘の注文先が細り、木釘づくりはやめることになった。少量ではあるが、良質の木釘は全国の博物館や寺院の仏具・仏像の修理先から注文があった。

最後の木釘づくり

1979年ごろ、豊四季2号にお住いの秋山(1918年生まれ、信一郎さんの姻戚)さんに手作業の現場を見せていただいた。奥さんと2人の作業で、秋山さんは木釘づくりに専念する。作業場は板の間で6畳ほどの広さ。奥さんは長さ60㎝のウツギを箸の太さに削る。秋山さんはそれを注文に応じた木釘に仕上げる。種類は長さ1・8㎝、2・4㎝、3・0㎝、3・6㎝と短い木釘が多く、1日の作業量は2人で1リットルほどしかできないといわれる。

秋山さんは6歳ごろから小刀を握った。見学当日はスタンドの明かりをつけ、目盛りのついた鉄の台の前に座って作業をする。手にしている小刀は鉄切り用の鋸に歯をつけたもの。右手人さし指には大きなタコが見える。

材料は生のウツギ。削りたての木釘は白い木肌であるが、3年ほどすると鼈甲色に変わる。桐箱をつくる箱屋では、フライパンで2、3分間、米糠を混ぜて炒って仕上げるという。

(相原正義)

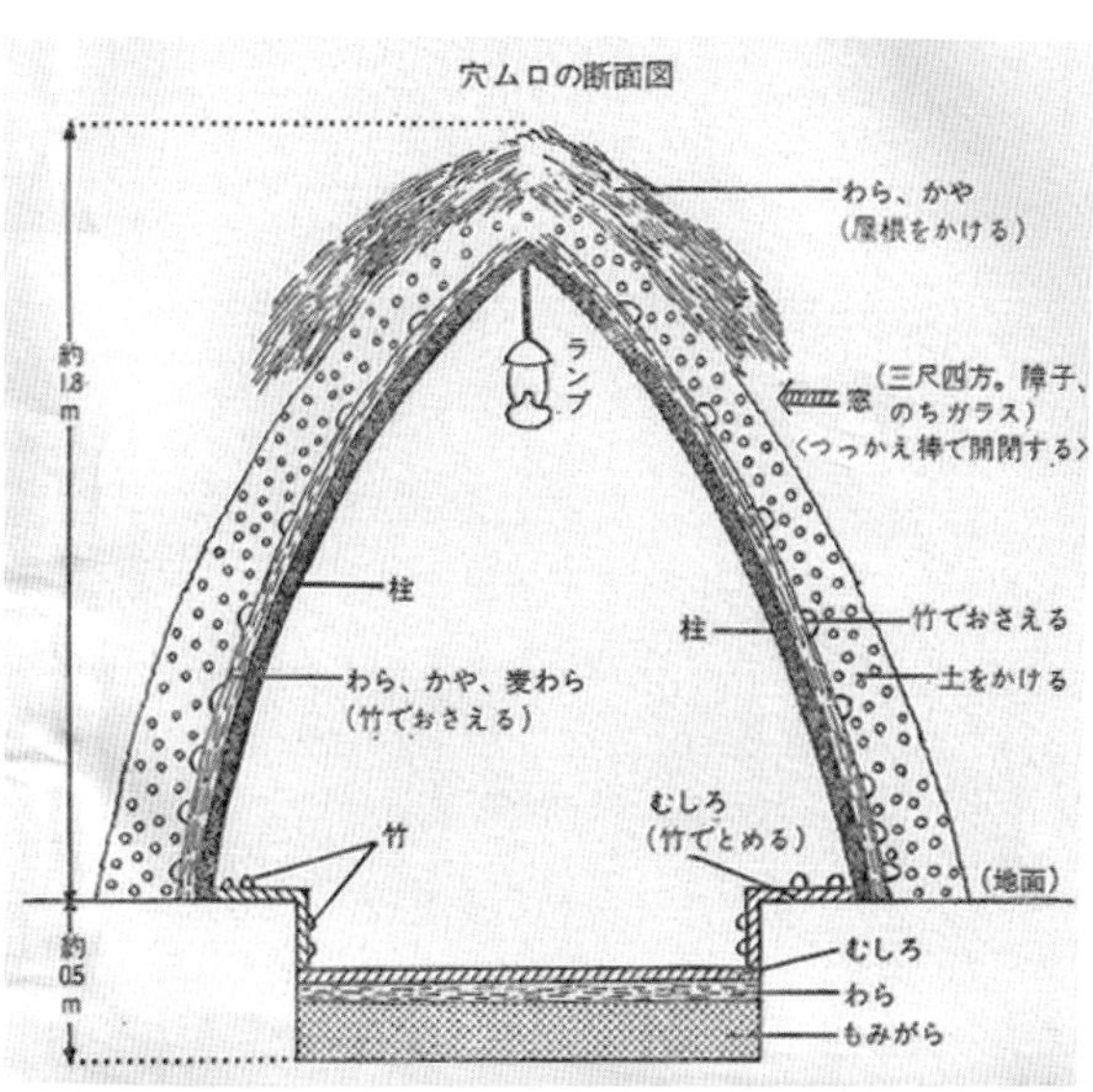

穴ムロの断面図
わら、かや（屋根をかける）
ランプ
窓（三尺四方。障子、のちガラス）〈つっかえ棒で開閉する〉
約1.8m
柱
わら、かや、麦わら（竹でおさえる）
竹でおさえる
土をかける
むしろ（竹でとめる）
竹
（地面）
約0.5m
むしろ
わら
もみがら

作業ムロの断面図

11月に入ると、家前の庭の南側に深さ50cmほどの穴を掘り、むしろ、わら、もみがらで床をつくる。明かりは夜ランプ、昼は窓からの日光。初期の窓は障子、後にガラスを使った。取り払いは3月中旬。(絵：相原正義)

第5章　我孫子市の樹木

茨城県
取手市
我孫子
中峠台/伊勢山天照神社のスダジイと大イチョウ
中峠/古利根公園の森
中峠/不動堂のムクロジ
新木/葺不合(ふきあえず)神社のイチョウ
新木野/長福寺のイヌマキ
新木/香取神社のケヤキとスギ
日秀/観音寺のイヌマキ
日秀/将門神社のイヌマキ
湖北台団地/けやき通りのケヤキ並木
我孫子市民体育館
利根川ゆうゆう公園
利根川
湖北駅
湖北中学校
新木小学校
湖北小学校
湖北台東小学校
平和台病院
新木駅
気象台記念公園
布佐南小学校
布佐小学校
布佐中学校
布佐駅
我孫子東高等学校
JR成田線・上野東京ライン
龍ケ崎市
柏 市
印西市
0
10km
N
茨城県
我孫子
埼玉県
野田
流山
柏
松戸
鎌ケ谷
白井市
印西市
東京都
市川市
船橋市
八千代市

「国土地理院発行５万分の１地形図」を基に作図

お台場を築いた根戸の御林（おはやし）

国道6号を北進すると、我孫子駅入り口手前から、西の方向に小さな森が見える。我が国の歴史において、鎖国から開国に大転換したとき大きくかかわった根戸御林（おはやし）の名残りである。

嘉永6年（1853）6月3日、ペリー率いるアメリカの軍艦が4隻、江戸湾の浦賀沖に現れた。ペリーは幕府の鎖国政策解除を迫り、我が国に開国を要求した。アメリカの要求を一旦保留した江戸幕府も、ペリーが一年以内にまた来ると引き返してから大いに慌てた。要求を蹴れば戦争になる。急いで江戸湾を防備しよう。そのためには海上に砲台を築いて黒船に対峙しようと決断した。

幕府がまず着眼したのが、根戸の森だった。現在の我孫子市根戸、台田、船戸、白山あたりに42町歩（東京ドーム9個分）の広大な幕府直轄の御林があった。ここの森のマツやスギが、砲台の構築に最適と即断する。

構築はペリーの来航2ヵ月後から、急ピッチに進められた。品川沖に11カ所の　砲台（台場）を計画したのだった。

根戸のマツは海底に深く打ち込み、上に築く石垣を支える目的だった。それまでも、江戸湾には、観音崎など10カ所に小規模な防備の砲台はあった。だが、巨大な蒸気船に対抗するには、大きな砲台が必要と判断した。木材は根戸御林から、土は品川の御殿山や八ツ山、砂は隅田川、石は三浦半島と伊豆半島から用意することに決まった。

根戸からの伐り出しには、我孫子、久寺家、戸張、増尾、逆井、大井地区のなどの男たちが動員され、利根川布施や江戸川加村の河岸に集めた。船や大八車、馬などは関東一円から調達した。ペリーは予告通り翌年2月に再来した。砲台（台場）は予定した11カ所のうち6カ所が完成、7番目が進行中だった。今日、6番目が無人島として、3番目はお台場海浜公園と一体で近代都市になって残っている。

伐り出した樹の数は、御林の調査成木本数のスギ600本、マツは4万9千本中、約3割強の1万5500本におよんだという。今、根戸の御林はほぼ消えている。残っているのは我孫子市立根戸小学校と中央学院大学野球場の南側、国道6号沿いの東葛辻仲病院の前と裏の小さな森のみである。また、根戸小学校校庭の南側境界に、アカマツを含めた幹回り50㎝程のマツが約20本ある。これも台場を築いたマツの子孫か。

これら今あるマツやスギたちの先祖は、東京のお台場の下で170年も海水に浸かりながら、今日も街が沈下しないように支えている。そう思って今の根戸の森を眺めてみると、ロマンと言うかとっても不思議な感じがする。

（逆井萬吉）

参照　『我孫子市史研究』1982

根戸の御林の一部か（根戸小学校南側）

鷺神社のコナラ

我孫子市の北部久寺家地区に、村の鎮守でもある鷺神社がある。駅北口から出る阪東バス便もあるが、歩いても20分程度。「天神宮入口」「鷺神社入口」の石が二基建っているからわかりやすい。

平将門の七人の影武者の一人、久寺家儀元が建てたとの伝承があり、歴史は一千年以上遡る。社殿の周りには香取・雷神・三夜・八坂・天神・大杉・山神・水神の社が祀られている。大晦日の夜は、受験生の長い列ができる。眼下の中央学院大学から、正月の箱根駅伝に出場している選手や、令和３年に大学日本一に輝いた野球部員も必勝祈願に来る。

敷地には、カシやシイなどが多い。本殿右奥のコナラ、わかりにくいが大木である。このコナラは、神社脇の坂道の下からはよく望める。坂道に覆いかぶさるように大きな枝が張り出している。

秋が深くなると、実（どんぐり）が飴色になって落ちる。近くの幼稚園児が、先生と一緒にどんぐりを拾う光景が毎年見られる。引率していた若い女の先生に、コナラの実の尻に爪楊枝を刺しコマをつくって見せた。手の中で10秒ほどクルクル回っていたのをみて、びっくりしていた。きっと、園に戻って子どもたちに教えるにちがいない。

コナラに覆われた坂道は、新四国相馬霊場の参詣の道にもなっている。杖を携えた白装束姿のグループが、腰の鈴を鳴らしながら通っていくのを見て、子どもたちは、チリンチリンの道などと言っている。

さらに、大正期手賀沼畔に住んだ志賀直哉が、雪の日に布施の弁天さんに子犬を連れて散歩に通った道であったとも思われる。短編小説「雪の日の遠足」を読んでいくと、地形の描写からたぶん、鷺神社脇のこの道を通ったと推測できる。

ちなみに、この坂を古くから住む住民は「向原（むけっぱら）の坂」と言っている。坂の下は、昭和40年代までは正しく原っぱだった。今日では前述の中央学院大学をはじめ、我孫子二階堂高校、同幼稚園、県立の専門学校が建っている。さらに、西側は久寺家地区の新興住宅や柏市の布施新町まで、大きな街ができている。

コナラの樹液には、スズメバチやクワガタ、カブトムシが集まる。近所の子どもだろう、クワガタやカブトムシを手や顔に這わせ、自慢していた。自分の昔を思い出した。

コナラはシイタケ栽培用の樹としても利用される。冬の終わりごろ、直径20㎝になった樹を１ｍほどの長さに伐り、周囲に小さい穴をあけてシイタケの菌を打ち込む。風通しのいい日陰に立てかけておくと、翌年ぐらいに原木からシイタケが生えてくる。

鷺神社のコナラは、昭和になって急激に変わった付近の環境を見つめながら、下を通る人たちを温かく見ているに違いない。

（逆井萬吉）

参照　富勢村史等

鷺神社のコナラ

水神社のムクノキ

手賀沼畔のハケの道を歩く。柏市に近い我孫子市根戸新田地区に、ひっそりと建つ水神社。入母屋造りで屋根は赤い鉄板葺きの小さな社殿。南側の手賀沼の方を向いている。江戸時代中期の創建と言われているが、今の社殿は１９２５年（大正14）10月の修築。防腐対策をしたのだろうが、柱を簡単に埋めたような簡素な鳥居が建ってはいる。しかし、最近行ってみたら、上部の横柱（笠木）が朽ちて落下していた。

その社殿の裏側、つまり、ハケの道に沿ってムクノキが2本、大きく枝を広げて生えている。２本のうち、社殿にほぼ接している方が大きく、幹の周囲３１０㎝、樹高30ｍぐらいか。小さい方は周囲１７０㎝、高さ25ｍほど。ほかにも、ヒイラギやスギ、シラカシなど、大木とは言えない大きさの樹が数十本、境内を賑わしている。

ムクノキは、ムクドリが実を好むことから命名されたとか、真偽のほどはわからない。幹も葉もケヤキに似たムクノキ、落葉の高木で葉は漆器の研磨に用いられるそうだが、どのように行うのかいつか確認したいものである。自分にはわからない。

ハケの道に面した石碑には『安政の昔、大地震に次ぐ大爆風あり。二丈餘る幾尺の大樹数々吹き倒され、今又丈余の大松樹あるをみて…』とある。したがって、大正末期まではマツの大木も存在していたと思われる。

水神社ゆえ、水の神様である。今日、水神社は手賀沼の通常水面まで、１００ｍほど離れている。沼の岸辺には、国道３５６号のバイパスである広い道路が通っている。だが、昭和以前は沼のすぐほとりに水神社があったものと思われる。ハケの道そのものが水辺にあった。

今は、利根川の上流に多くのダムや遊水地ができて、手賀沼の洪水はほぼなくなった。しかし、根戸新田地区や手賀沼畔の人々は、昔は幾度となく水害に悩まされていた。いつも、水害がないように、収まるようにと、水神社さんに祈願していたのだろう。

水神社のすぐ上には、１９１５年（大正4）の暮れから住み始めた武者小路実篤邸跡がある。実篤は、以前から近くの手賀沼のほとりに住んでいた無二の親友の志賀直哉と、常に行き来していた。さらに、同じく白樺派作家の中勘助や滝井孝作も加わって、親交を続いたという。

白樺派の文豪たちは、水神社の側を歩いて、また小舟に乗って、互いに行き来していた。夏の暑い日には、文豪たちが水神社のムクノキの木陰でひと休みし、当時の文壇などについて、議論を深めていたに違いない。

水神社の大きなムクノキを眺めてみると、そんな風景が目に浮かぶようである。今日では、遠方から我孫子地区を訪れる人たちや、地元の散策している人が、ムクノキを眺めながら歩いている。

（逆井萬吉）

水神社（笠木が落下している）
ムクノキは鳥居の後方にある

三樹荘のシイ

手賀沼公園の我孫子市の施設「アビスタ」から、道路を挟んだ向い側を斜めに入る細い道（ハケの道）がある。その道を行くとすぐ左に石段の坂道が見える。坂道の名称は天神坂。上って行くと左側が大きな屋敷。「三樹荘」である。嘉納治五郎が命名したといわれている。手賀沼に面した南側、天神坂に沿って3本のシイ（スダジイ）があったからである。風光明媚な場所で、以前は手賀沼や富士山なども眺められた。住所は我孫子市緑1丁目になる。

三樹荘には、民芸の父柳宗悦が1914年（大正3）から、声楽家の兼子夫人と移ってきた。したがって、三樹荘とは柳宗悦の邸宅跡である。嘉納治五郎は柳宗悦の母の弟にあたる。向い側の敷地にすでに住んでいて、甥の宗悦夫妻を招いた。柳宗悦が住み始めたときに、嘉納治五郎が三樹荘と命名したとしても、今から遡ること110年前になる。

3本のシイには、それぞれに愛称がついている。手前（上方）から順に、「叡智」は樹高12mで幹周400cm、「財宝」が16m・290cm、そして、「長寿」が18m・350cm。3本とも、枝の張り方も広くて、見事な形をしている。これらは我孫子市の景観重要樹木になっている。

シイは同じ仲間のカシなどより葉が多く、色もやや黒みがかった緑である。秋が深くなるころ、三樹荘あたりには、茶色に光沢をおびたシイの実がいっぱい落ちる。シイの実は通常のどんぐり仲間より細長く、先が鉛筆のように尖っている。その場で皮をむき食べてみる。栗のようなほんのりした甘味がある。故郷で友だちと競ってシイの実を食べた遠い昔が懐かしい。

三樹荘のシイ（手賀沼側より）

広い庭園には、他にも樹高20mを優に超えるケヤキが3本、かなり大きなシイも3本ある。秋には鮮やかに紅葉するカエデもあって、シイの葉の深い緑色とのコントラストは鮮やかである。

三樹荘近くの古老に以前訊いたことだが、家の中から、声楽家であった柳宗悦の兼子夫人の高音で歌う声が、いつも聞こえていたと言っていた。柳宗悦は、三樹荘で「白樺」の仲間と交流し、陶芸家のバーナード・リーチなどを招いている。リーチは三樹荘の一角に窯を設け陶芸活動に精を出すが、窯が消失し悲痛のあまり祖国（英国）に帰ってしまう。

三樹荘は今日、一般個人の住宅となっていて、屋敷の中に入ることはできない。しかし、門扉の外側からも左手天神坂側に、巨大な3本のシイを見ることはできる。

耳をすますと、3本のシイが会話しているのが聞こえそう。

「おい兄弟！」手賀沼も花火も見えにくくなっちまったな」

「そうだ。昔は最高だった。富士山も夕焼けもきれいだったぜ」

今日では、手賀沼畔一帯にも高層建築が多く建ち、三樹荘からは、沼の一部しか眺めることができない。

（逆井萬吉）

参照　あびこ歴史散歩（我孫子市）他

香取神社（高野山（こうのやま））の大イチョウ、カエデ

我孫子市役所の下から手賀沼ふれあいの道を湖北方面に走る。水の館の先の信号を過ぎると、左に大きな樹木が繁る台地が目に入る。１９７５年（昭和50）２月に市の指定林となった高野山香取神社の杜である。正面の鳥居の先は暗く長い石段、上り口右手に超特大のイチョウ。石段を上った奥に社殿。住所は市内高野山４３２番地。

天王台駅東口からは徒歩で約30分。道は広くないが、近くに前方後円墳の水神山古墳もあるし、分かりやすい。また、我孫子駅南口より出るバスのほとんどが通る市役所前バス停からは10分で鳥居の前に着く。

この香取神社は、平将門が藤原秀郷・平貞盛連合軍に敗れた天慶３年（９４０）の創建と伝えられている。秀郷が建立との伝承もある。社殿は、１９７８年（昭和53）の改築でまだ新しい。眼下に手賀沼を見下ろす絶好の位置にあるが、社殿あたりからは大イチョウ等の樹木のために沼は見えない。参道左右両側にも、小規模の古墳が確認されている。

石段の上から大イチョウを望み、そしてゆっくり下って直接手を触れてみる。ごつごつした大木の幹に歴史を感じる。樹齢が約５００年で、幹の周りは、大人が数人手をつながないと樹は囲めないほどで、６３０㎝。高さも30ｍあって、東葛地方では最大と言われている。古木ゆえ、イチョウ特有の乳根が枝から下がっていたが、いつの間にか心無い人に切除されてしまった。乳根は安産・子育て信仰の対象になっている地域もあるとか、仕方がないことかもしれない。

香取神社（高野山）の大イチョウ

本殿正面にも、幹回り４１０㎝と２９０㎝のイチョウ２本、厳粛に聳えている。さらに、２本の大イチョウの左手前に、幹回り４１０㎝のクスノキの大木もあって、昼でも暗いうっそうとした雰囲気をつくっている。

また、社殿の右手前、クスノキの向い側にはイロハカエデ（イロハモミジ）があって、晩秋の紅葉は誠に美しい。このカエデには、春になると毎年南方数千キロ先からアオバズクが渡ってきて、巣作りをするらしい。アオバズクはそれこそ、青葉のころ繁殖する鳥からそのように命名されたようで、ホッホウ、ホッホウと寂しげに鳴く声を、近所の人はよく聞こえていたと言っていた。

毎年同じ枝に巣をつくって卵を産み、雛を育てて南方遠くに渡っていく。そしてまた、新緑の当地につがいでやってきて、子どもが成鳥になるまでここ香取神社で暮らす。このような習性の鳥は、アオバズクだけではないだろうが、神聖でとても不思議なことである。

香取神社から、少し離れてはいるが、水神山古墳の先に、桃山公園がある。手賀沼に上る初日の出を拝む素晴らしいところとして知られている。映画のロケ地になったこともある。元旦にはカメラやスマホを持った近くの市民が集まる。

（逆井萬吉）

参照　我孫子の地名と歴史　他

近隣センター「こもれび」のヒマラヤスギ

我孫子市の近隣センター『こもれび』は、JR成田線東我孫子駅から徒歩で10分の所にある。車では、国道356号を成田方面に向かって、富士見橋手前の信号を右に折れる。名高いゴルフ場の我孫子ゴルフ倶楽部に隣接する静かな木々の中の道路を、1㎞ほど行く。

我孫子ゴルフ倶楽部は、1930年（昭和5）に開場された。千葉県では最古のゴルフ場で、数多い競技大会も行われる。国際的なゴルファー青木功氏の生家も近く、ゴルフはここがスタート点である。

そんなゴルフ場のコースを横目で見ながら進むと、左手に近隣センター『こもれび』はある。面積1、250坪（4、120㎡）の敷地に、2005年（平成17）4月に開館した。名前の通り建物は樹木に囲まれ、ロッジ風な感じである。太平洋戦争前に、近衛文麿の別荘地であったとか。建物の東側に、ハの字に開いた談話用のロビーがあって、市民の様々な文化活動や、読書などの場になっている。住所は、我孫子市東我孫子1丁目である。

樹木に囲まれた『こもれび』ではあるが、令和元年ごろまでは、現在よりももっと樹は多かった。しかし、我孫子市は強風による倒木のおそれありと、南側の幹回り150～300㎝の木を5本、また、庭園にあったシロダモ、ムクノキ、アカメガシワ、スギ、イヌシデなどを伐採してしまった。

でも、正面から見て、右手奥に大木の幹回り350㎝のヒマラヤスギは残った。さらに裏手に回るともう2本のヒマラヤスギも残っている。

2本のうち、裏手の建物のすぐそばの樹は太くて高く、2、3m離れている方はやや小さい。幹回りは370㎝と190㎝ぐらい。垂直に伸びた3本のヒマラヤスギ、樹の高さは、最も大きな建物裏手の樹で、30mはありそう。

ヒマラヤスギは、始終新旧の葉がついている常緑の針葉樹で、葉はやや白味がかった緑色。枝はどちらかというとちょっと水平か下を向いている。地面に垂直に伸び、前後左右対称的に整った美しい円錐形である。

ヒマラヤスギはマツ科

ヒマラヤスギは植物学的にはスギでなく、ヒマラヤ山脈が原産地で、なんと松科であるという。針葉の色・形から、確かにスギでなくマツと解かる。卵型の実マツカサもついている。なぜ、名称に『スギ』がついているのかわからないが、樹の形がスギのように頂部が尖った円錐形だからかもしれない。

「こもれび」の呼び名が示すように、森のような敷地には、他の木もたくさんある。比較的大きなアカマツも裏手右奥にはえている。でも、ここでは、ヒマラヤスギが一番威容を放っている。

（逆井萬吉）

参照　我孫子のいろいろ八景歩き

「こもれび」のヒマヤラスギ

不動堂のムクロジ

　国道356号を成田方面に向かって走り、湖北駅入り口の次の信号を左に入ると、不動堂がある。近くの龍泉寺の末寺で山号は滝前山、照妙院不動尊である。江戸中期寛保（1741～1744）以前の創建らしいが、明治維新の後、廃寺になる。敷地内に石仏や供養塔多く、天満宮も祀られている。新四国霊場60番札所にもなっている。

　現在の建物は、大正の初め学校の旧校舎を移築し、中峠下の公民館となっている。駅から歩いても七、八分。住所は我孫子市中峠1408番地。

　この不動堂にムクロジの大木がある。本殿に向かって左手に聳えていて、幹回り330㎝、樹高は20ｍ程。東葛地方で、最も大きいと言われている。

　落葉の高木で黄緑色の細かい花が初夏に咲く。葉は羽根状で左右非対象である。迷信だろうが魔除けにいいとされ神社やお寺の境内に案外植栽されている。

　実は直径2㎝程の球形で黒い。10月半ばごろに飴色に熟して落下する。実を覆う皮にはサポニンという物質を含み、水にさらすと泡が立つ。石鹸が不足していた太平洋戦争後など、洗濯用に使われていた。

　筆者も昭和20年代のころ、友だちと近くのお寺にムクレンジョ（茨城の方言）の実を拾いに行ったことを覚えている。ポケットをいっぱいにして帰ると母がほめてくれた。そして、「よく取ってきた。これはシャボンにもなるし、ちっちゃい子の病気も治せるんだ」と言った。病気を治すことはわからないが、母が洗濯板を使いムクロジで洗濯するのをながめていた。

　表面の皺が寄った硬い皮を爪で剥がし、水で濡らした両掌でゴシゴシと強く揉む。すると真っ白い泡がたってくる。今日の家庭用の洗濯機では、ただ放り込んだだけでは泡は立たないだろう。

　ムクロジを調査しているとき、近づいてきた母子に、この実は石鹸の代わりになると話したら、驚いていた。でも、不動堂のムクロジの実も、昔はきっと、地域のお母さんたちが洗濯に利用したに違いない。

　友だちとムクロジの実を拾いに行く楽しみがほかにもあった。皮を剥いたあとの黒い種は、水で洗って芽が出てくる穴に鶏の羽根を3本くらい刺し込むと、正月の遊びの羽根つきの追い羽根になった。ムクロジの実はだいたいが球形だが、完全に球形なのは少なかった。卵形に近いのもあって、それでは追い羽根には向かない。

　羽根は鶏小屋に入って形のいいのを集めた。ふさふさした短い羽根は、ゆっくり飛ぶ追い羽根になった。風切り羽根のような形のものは、バトミントンのシャトルのように速く飛ぶ。自分らは、それぞれ幾種類もの追い羽根を作り自慢し合っていた。

（逆井萬吉）

参照　我孫子の文化を守る会会報　他

不動堂のムクロジ

葺不合（ふきあえず）神社のイチョウ

国道356号を成田方面に進み、新木駅入り口の信号を過ぎると、左手に葺不合神社がある。昼でも暗く狭い参道。入口も車で国道を走るとほとんど気がつかず通り過ぎてしまう。一の鳥居を通って下り、二の鳥居へまた上ると社殿がある。住所は我孫子市新木1812番地。

葺不合神社は、奈良時代の創建と伝承されている。漢文風に読む葺不合の意は、豊玉毘売命が鵜の羽で産屋の屋根を葺き終わらぬうちに御子を産んだことに由来している。新四国相馬霊場77番の札所になっている。

敷地内は、高い樹木が繁りうっそうとして暗い。社殿の後方、本殿には見事な浮彫の彫刻がある。一帯は谷津田の突端の低地で、弁財天を祀った弁天池もあったが、今日では、市の建物や住宅が建っている。

そんな敷地の中に大きなイチョウが2本、天高く聳えている。イチョウとは別に、ケヤキに似た落葉高木のムク（ムクノキ）が2本、それとシイ（スダジイ）が1本、いずれも20mを越える大木があって厳粛な雰囲気を維持している。

2本の大イチョウ、樹高は20m、幹回り580㎝程で、樹齢200年に達するのではと伝えられている。1980年（昭和55）2月に我孫子市の指定保存林となっている。

イチョウはかなり古い樹木ゆえ、幹も凹凸複雑で、幹から小さな枝も何本も生えている。また、太い枝からは円錐形の気根状突起で、乳のような形をした乳根がいくつも下がっている。形からいって、安産や子育てのお守りとされているとか。参拝に来た女性が、乳根を見上げながら、長い時間じっと手を合わせている光景を見ることがあると、近くの住民が話してくれた。

秋になって、2本の大木から黄色く彩って落ちる葉は、社殿前の足元を絨毯のように覆う。調査に訪れた晩秋の晴れた日、近所の子どもたちだろう、母親と一緒に黄色く色づいたイチョウの落ち葉を、選ぶように拾い集めているのに出合った。女の子は、小さな手で落ち葉を束ね、ブーケのようなものをつくっていた。まるで黄色いバラの花のように見え、こんな楽しみ方もあるのかと、自分は改めて感心した。静まり返った境内に賑やかな光景が見られたひとときだった。

イチョウは、春といってもまだ寒い3月初め、たくさんの芽をつけて一気に小枝が伸びてくる。剪定にも虫の害にも強い。防火用にも適しているようであるが、家屋敷に植えるものではないと何かで見たことがある。葺不合神社は参道も比較的長い。晩秋に鮮やかに黄葉する2本の大きなイチョウは、国道を行く人からは、参道が長いので見ることはできない。

（逆井萬吉）

参照　我孫子の史跡を訪ねる　他

葺不合神社のイチョウ

長福寺のイヌマキ

国道356号を湖北地区からさらに東に進み、新木駅入り口信号を過ぎてすぐ左手に長福寺がある。山号は玉桜山。新四国相馬霊場の81番である。住所は我孫子市新木野1丁目。国道に接するような位置にあるが、入口の1931年（昭和6）に建てられた御影石の山門は、間隔が少々狭く、国道から乗用車で出入りするには慎重になる。真言宗豊山派で元禄元年（1688）の創建。近くの中峠地区龍泉寺の末寺である。

明治初期には廃寺となり、湖北小学校開校時の仮校舎に使用されたことがある。したがって旧長福寺とも称する。山門を入って左側に、大師堂・観音堂・天神社・稲荷神社が合祀されている。観音堂のすぐそばに、寛文11年（1671）の五輪塔がある。仏教思想の要素、空・風・火・水・地を表しているという。

太平洋戦争後、本堂は廃して地域の下新木青年館となり、1967年（昭和42）に立て替えられた。以来、地域住民の文化活動や、集会場としての場になっている。

その青年館の左にイヌマキの大木がある。幹回りが350㎝、樹高20mはあるだろう。青年館の屋根を覆うように枝葉が伸びている。

イヌマキは一般的にマキと言われている。千葉県の木でもある。刈込剪定にも強く、美しい形となって、住宅の庭木や生垣になる。でも、ここのマキは剪定しないで高く天に向かって伸びている。

長福寺のイヌマキ

また、山門から入って左手の観音堂の右には、全体が大きな卵形のコウヤマキもある。幹回りは115㎝で樹高はそれほど高くはなく10m程度か。隣の朱色の薬師堂と相まって美しい姿で映えている。イヌマキよりも葉は柔らかい感じのコウヤマキは、新緑のころは陽光を浴びた明るい緑色に生え、非常に美しい。

三橋美智也の歌に、空を飛んでいるトンビに東京が見えるかいと問いかける曲ある。もし、長福寺の大イヌマキにカラスがとまっていて、「おーいカラスくん、そこから何が見える？」と問いかければ、「岡田武松先生のきれいな気象台記念公園がよく見えるよ」と返ってくるだろう。

気象台記念公園は、地元出身の中央気象台長の岡田武松氏の進言で、1938年（昭和13）に開設された気象送信所の跡。作家新田次郎も勤務していた。長福寺からは200mの近さである。

「梅雨」、「台風」という気象用語を最初に用いた岡田武松（1874〜1956）、1905年（明治38）の日本海開戦で発した「天気晴朗ナルモ波高カルベシ」の予報はあまりにも有名。武松の生家は近くの布佐地区にあり、今は我孫子市の近隣センター「ふさの風」になっていて、長福寺からも近い。

（逆井萬吉）

参照　我孫子の地名と歴史　他

古利根公園の森

国道6号を我孫子から取手方面に向かう。大利根橋手前から、利根川堤を印西方面に走ると、カーナビが『茨城県に入りました』と案内する。そして、間もなく今度は、『千葉県に入りました』。事情を知らない人はびっくりする。利根川の南側に茨城県が存在しているのである。このような場所は茨城県境町に隣接する五霞町も同じ。また、利根川の北にある千葉県として、潮来十二橋めぐりの千葉県香取市や、野田市木野崎の水田が利根川の北側茨城県常総市に食い込んでいる例もある。

利根川は、もともと我孫子では青山地区から現在よりも南に蛇行していた。明治の終わりに水害が多かったそのあたりの川幅を拡張し、まっすぐにした。その結果、改修以前は利根川の北側にあった今日の茨城県取手市小堀(おおほり)地区が、川の南側に残ってしまった。昔の利根川は今、三日月形の古利根(沼)となっている。

飛地となった小堀地区古利根の対岸は、我孫子市中峠で、その中の根古屋地区には広大な森が自然のままの状態を残し、我孫子市の古利根の森公園となっている。古利根を見下ろす高台に位置し、さびしいが遊歩道もある。斜面はほとんど自然のままで、手つかずの森になっている。樹と言うか孟宗竹が大変多い、カシやヤマナラシ、クルミ、アオキも混じっている。篠もたくさん生えている。人の手が加えられていないので、うっそうとして暗い。土地の人に聞くと、イタチやタヌキなどの動物も住んでいるという。我孫子市自然観察の森なのである。

古利根公園の森（沼の右側）

沼に沿って、草に覆われた細い道がついている。釣り人が場所を選ぶために歩く程度の、未舗装で砂利さえ敷いてない。

沼の近くに朽ちそうな小さな祠、波除不動尊がある。昔から利根川の出水で、崖が崩落したりして村民は悩まされていた。しかし、享保3年（1728）、住民が不動尊を安置したら、川が出水しても崖が崩れることがなくなったという。それゆえ、この不動尊を波除不動、または波切不動と呼んでいる。さびしい場所にある。

古利根の森の中には、戦国時代最後の中世の城郭である芝原城（中峠城）址がある。森の南側の台地にあって、空堀・土塁・腰曲輪なども確認され、我孫子市内の中世城郭としては比較的よく形を残している。城主は河村氏。芝原城は小田原城落城により、東葛地方の各城とともに滅亡する。城主の家臣林伊賀守が従士32名と自刃したと伝えられている順道塚も、近くにあって市の史蹟となっている。

古利根地区は昔、江戸との水上輸送の基点で非常に栄えていた。今日の寂寞たる風景を想うに、とても不思議な感じがする。

（逆井萬吉）

参照　あびこの郷土史散歩　他

消えてしまった我孫子の名木

我孫子市内で、残っていてほしかった樹から主なものを選んでみた。

手賀沼公園のポプラ

我孫子駅前の道を南に10分ほど歩くと手賀沼に到る。一帯が県立の公園になっている。沼のほとりにまっすぐ天に向かって伸びていたポプラ群。市のガイドブックすべてに登場し、手賀沼の美しい景観をつくっていた。昭和40年、千葉県立小金高校の生徒さんが植えた約20本の一部だった。

しかし、病虫害などで樹はだんだん伐られ、平成16年夏、最後の1本も伐採されてしまった。手賀沼のシンボル的存在で、我孫子の景観賞第1号だったが残念。

今は、その後にヒノキの仲間メタセコイアが3本大きく育っている。

手賀沼公園のポプラ（昭和50年）
（我孫子の文化を守る会絵葉書）

停車場道のサクラ

1896年（明治29）12月25日に開通した日本鉄道土浦線（私鉄。後の常磐線）は、川口を出発駅として草加付近を通り、土浦に結ぶ計画だった。最終的には、上野から田端で分岐してほぼ今日のようなコースになった。鉄道に反対した地域が多かった半面、我孫子では一町民だった飯泉喜雄青年が、「鉄道なくして町の発展はない」と立ち上がる。私財を投入して停車場用地（現在の我孫子駅）を用意し、それを日本鉄道に無償提供を申し出た奇策の誘致活動が功を奏し、我孫子に鉄道を開業させた。

さらに、駅から手賀沼までの道路を建設して、サクラを多数植えた。サクラ並木には、昭和天皇の即位のときにも補植したが今日は全く残っていない。そのとき、我孫子第一小学校・子の神・白山・駅北口にも植えているが今はない。

昭和55年ごろ、北口の階段下りた場所に、また白山1丁目にも古木のソメイヨシノがあった。サクラを植えた記念碑は、緑地区の香取神社に建っている。樹の寿命だったのだろうが残念である。

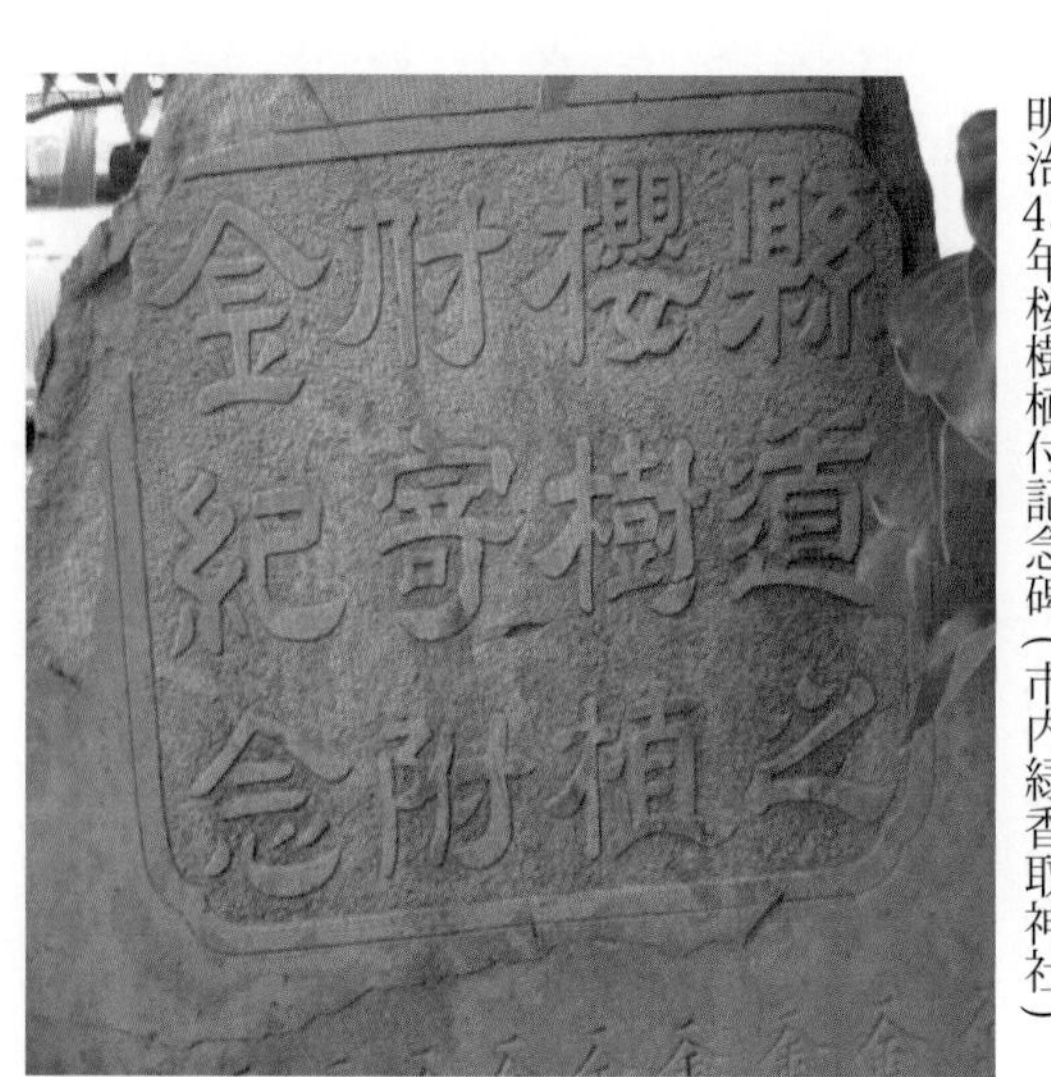

明治43年桜樹植付記念碑（市内緑香取神社）

追分のアカマツとヤマザクラ

国道356号我孫子第一小学校入口の三叉路は、旧水戸・成田街道の分岐点（追分）である。三方向の道に囲まれたわずかな場所には大きなアカマツが昭和三〇年代まで、また、見事なヤマザクラも人々を和ませてくれていた。それが、最近、ごく近くの住民に告知しただけでいきなり伐られてしまった。どうやら、信号などが見にくいとの抗議を、県の関係者が受けたかららしい。樹の下には石碑や道標などが八基、向きが逆だったり一部が埋まった状態で乱雑に建っていた。

しかも、その地に手を加えると祟りがあると言い伝えられていて、そのままになっていた。この度、樹が伐られたのをきっかけに、地元の町会が発起した。令和4年9月13日、道標などを掘り起こして年代順に建てて整理し、市に依頼して解説板も設置した。倒れていて今まで解明できなかった道標の中に、元禄4年（1691）の庚申道標で、「これより右布川海道」、「従是左水戸海道」という貴重な石が確認できた。アカマツやヤマザクラが残っていたら判明できなかったことである。

でも、追分にアカマツとヤマザクラがなくなったのはさびしい。余談ではあるが、この場所の整理改修に最も主体的に活動した昭和10年生まれのSさん、最近体調を崩してしまった。「やはり、自分も祟った」と、笑顔で語っている。

三叉路追分（令和4年9月）
（アカマツやヤマザクラがあった）

頼朝のマツ

JR成田線の新木駅南口から左へ約10分歩くと、禮和保育園がある。その保育園の駐車場前の農家の敷地に、盆栽風に枝を大きく広げた見事なマツが昭和40年の頃まであった。源頼朝が治承4年（1180）、鎌倉から府中石岡に向かうとき通り、植えたと伝えられていた。それゆえ、『頼朝の松』、また、別の名を千歳の松、また外観から傘松と呼ばれていた。当時の樹でなく、補植されてものであると思うが、松喰虫によって枯れてしまった。

保育園に隣接する幼稚園の園長さんが教えてくれた。今日、手賀沼からの坂が脇を通り、頼朝の坂・鎌倉坂と呼ばれている。伝説の樹とはいえ、枯れてしまったのは残念である。

頼朝のマツ（あびこ郷土史散歩より）

久兵衛さんのツバキ

手賀沼を右に見ながら畔の小道（ハケの道）を行くと、白樺派の作家志賀直哉が大正4年から約7年間が住んでいた住居跡がある。その先の立派な住宅の石塀内側に『久兵衛さんのツバキ』があった。志賀直哉を慕って5年遅れて近所に移ってきた中勘助が、散歩しながら、いつも見ていたというツバキである。今は新たに別のツバキが植えられている。幹の太さは電柱ほどになっており、高さ10mくらいに伸びていて、ハケの道を歩いていて非常によく見られる。

中勘助の作品「沼のほとり」から、久兵衛さんのツバキについてのところを引用する。

『わしがとこから　五ちょべえくれば
音に名だかい　久兵衛さんの椿
まはり六尺　背は二十二尺
二百三百しん紅にさいて
おちたその実が　目笊に五百
安いときでも　一両二分にゃなるとさ』

実際は久兵衛さんでなく、久左衛門家であった。中勘助が下宿していた高嶋家は、現存している。中勘助は家庭的には苦難の生活を送っていて、志賀直哉が我孫子を去ると自分も出て行った。ツバキは昭和45年ごろまではあったというが正確にはわからない。

久兵衛さんのツバキ
（当時の場所に新たに植えられた）

五本松公園のマツ

手賀沼畔のふれあいの道を湖北方面に走る。そのうちに緩い坂になって右手に公園が現れる。手賀沼に半島のように張り出している、緑豊かな台地の公園。五本松公園である。公園の名称は、その名の通り、今は枯死してしまっているが、枝ぶりいいマツが5本あったことに由来する。でも、たまたま、公園内で犬を散歩させていた年輩の婦人に訊ねてみたら、山陰の島根半島にある『関の五本松』の風景から命名したとの説もあると語ってくれた。筆者も行ったことがあるが、向こうは海（美保湾）を見下ろしている。我孫子の地名になるような景色とは少し違う。やはり、5本のマツ説が正しいか。

公園にはアカマツは数本あるが、スギ、カシ、サクラが多い。公園の東の端、樹々の間からは手賀沼も望まれる。あいあい橋という素敵な吊り橋もある。春のお花見や四季を通してバーベキューなどもでき、一日中楽しめる公園である。市民に親しまれるきれいな公園であるが、昔はあったと伝えられている5本のマツは、どの辺に生えていたのかやはり気になる。なくなってしまって、非常に残念である。

五本松公園

正泉寺のユリノキ

湖北台9丁目の正泉寺、我が国で最初の女人成仏道場の古刹である。足利3代将軍義満が大龍山正泉寺と命名したとの謂れがある。2階建ての鐘楼門（山門）から入って左手に大きなユリノキがあった。樹高20ｍ、幹の回り270㎝、明治天皇の大喪の時、小石川の宮内庁植物園より譲られた。

正泉寺ユリノキの跡（令和4年秋）

ユリノキは葉が半纏のようなので別の名を半纏木。初夏にチューリップに似た花が咲き、秋には葉が黄色く色づいて落下する。しかしながら、令和2年、強風等により、倒れる心配があって伐採されてしまった。

令和4年の秋、ユリノキは実在しているものと思って訪問したら、住職から説明されて、大きな切り株の場に案内された。仕方がないことではあるが、非常に残念である。

手賀沼羽衣のマツ

我孫子駅北口近くに巨大マンションが十数棟建っている。平成16年ごろまであった、日立精機（株）の跡地である。その日立精機に、太平洋戦争中勤務していた明治34年生まれの古老の話を紹介する。

会社の水泳大会が手賀沼。男たちは泳いだ後、褌を松の枝に架けて乾かしていたという。いつの間にか、その松をみんな羽衣のマツと呼んでいたそうだ。

今でも、そのあたりを散策すると、羽衣のマツの場所が気になる。根戸船戸緑地入口のマンションの下に、大きなカラスギ（ネズミサシ）があるが、マツとは言わない。

また、白山湖畔町会の掲示板のところに老松があるが、２ｍほど高いところに生えている。褌を架けるには木に登らなければならないから違うと思う。船戸の森の下に寂しく建つ水神社。境内にマツの大木があって虫害で伐ったとの記録がある。その可能性もある。

なにしろ、80年前のこと、マツはもうないか。裸の男たちが四、五〇人と割烹着の婦人が数人、枝ぶりのいいマツも映っている集合写真を見せていただいた。場所を聞いておくべきだったと後悔。

名木ではなく珍木であるが、何本かの褌が枝にヒラヒラ。天女は寄りつかなかった手賀沼羽衣のマツ、見たかった。

（逆井萬吉）

手賀沼辺（べ）りの桜

我孫子市内には、各所に桜の見所がある。近年は観桜巡りに市民も行政も力を入れていて、「桜八景歩き」や我孫子ゴルフクラブ内の市民観桜会やライトアップなども行われ、大変な盛況と聞く。

その中でも北柏から手賀沼公園までの「手賀沼ふれあい道路」の桜、そして手賀沼公園内から五本松公園へ続く遊歩道の桜は、早咲きの河津桜から始まって幾種類もある八重桜などを、約一か月も楽しめる桜のプロムナードである。

手賀沼ふれあい道路の桜

昭和60年、北柏から手賀沼公園入口までの「手賀沼ふれあい道路」が開通した。この年は我孫子市政15周年にあたり、その記念として道の両側に３５４本の染井吉野が植えられた。

右に手賀沼の水面が望め、緑の台地の下のふれあい道路の桜の成長を皆が楽しみにしていたが、沼からの風雨が激しく、次第に樹勢が弱ってきた桜のかわりに植えられたのが、現在の大島桜である。大島桜は染井吉野よりやや花の色が白い。現在は植樹されて35年が過ぎた。環境に耐えた桜は風格もでてきた。

公園口近くに、道路開通以前に地元の人達で植えた染井吉野桜と八重紅枝だれ桜３本がある。（現在、道路全体の桜は３６２本。）そのうち26本が大島桜、八重紅枝だれ桜が３本である。

手賀沼公園内の桜

手賀沼公園に入り、公園の駐車場に早咲き桜として有名な河津桜が５本あり、原爆記念碑の後に陽光桜が１本、また多目的広場に若木の河津桜が11本ある。

近年、この11本の桜に、市民たちが期待を寄せている。多目的広場にあるので、桜を愛でながら、敷物を敷き弁当を食べることができる。数年後には存在感を増し、多くの花見客が訪れることだろう。

公園内には、記録によると71本の桜があるとのことだ。

手賀沼遊歩道の桜

遊歩道は手賀沼公園を出発地として五本松公園下まで約５・３㎞ある。

部分的にはまず若松地区から手賀大橋の際にある我孫子高校まで。この若松地区は昭和44年に分譲された住宅地で手賀沼沿いにある。遊歩道はその住宅地の際にあり、昭和47年頃から桜が暫時植えられたという。今は桜の並木、松の並木、また四季折々の花を楽しめる花壇もある散歩道である。

昭和50年代の遊歩道は桜並木ができて子ども達が「桜のトンネル」と呼んで親しんでいたという。しかし、この沼辺の住宅地では水害が度々おこり、ポンプ場の設置や道の補修などで多くの桜が植え替えられたり伐採されたりして変化があった。

現在は手賀沼公園から五本松公園下まで、桜は約４８０本が植えられている。内訳は染井吉野が３８０本、八重桜50本、その他大島桜、豆桜など10数本ある。近年、個人や団体の寄贈もあり、ふれあい道路の桜を含めると約９００本近くの桜があるようだ。我孫子市長は千本桜を目指したいと語っている。

手賀沼のサクラ（我孫子市提供）

市内に、約40年に亘って熱い想いを以って遊歩道の桜を観察している女性がいる。桜のその日その日の変化を記録するだけでなく、随筆や講演、ガイド、桜の保護運動などで活躍している村上智雅子さんだ。

若松地区に40年前から住み、日常の生活に溶け込んでいる遊歩道の桜に関心を持ち、その想いを我孫子市民に発信している。

村上さんの作られた桜マップは、その900本の桜を地図に記し、一本一本の桜の様子や存在が即、わかるよう由緒のある多くの桜を調べ、皆んなに紹介している。

私が関山（かんざん）、御車返し（みくるまかえし）、御衣黄（ぎょいこう）など多くの珍しい桜を知ったのも村上さんのガイドのお蔭である。

松が変身した桜

遊歩道とやや外れるが、沼のほとり、現在の県道8号線（船橋我孫子線）と旧沼辺の道と交差するあたりに、20年程前まで、姿形の美しい松の古木があった。河村蜻山もこの松を写生していたという。

20数年前から桜の花が松の幹に咲くようになり、今ではすっかり桜になってしまったが、よく見ると樹皮は今も松とわかる。裏側に廻って幹をよく見ると、芯はすでに桜で、表皮は誰が見ても松のなごりがある。

村上さんに尋ねると「生命力の強い山桜の種が枝のすきまに入り成長したのでしょう」とのことである。

かつての一本松（昭和37年頃）
当時の県道8号線に子どもらが立つ。
昭和39年に橋がかかるまで、ここに「与兵衛の渡し」があった。（提供：我孫子市）

変身の松
松から桜に変身。

（越岡禮子）

旧嘉納邸のシイとケヤキ

我孫子市緑にある天神山は、明治の神社合祀令が施行されるまで、我孫子宿の天神社の境内地であった。

我孫子駅が明治29年（1896）に開設されると、風光明媚な、この天神山に別荘を構える人たちが来るようになった。津和野藩主11代の弟、亀井茲常（これつね）や、柔道の父と呼ばれる嘉納治五郎などがこの丘に別荘を建てた。大正3年（1914）には嘉納の甥の柳宗悦も、隣接する三樹荘に住んでいる。三樹荘の名は、3本の大きなシイの巨木が屋敷内にあったことから、嘉納が命名したという。

天神山一帯は、昔からシイの巨木が多かったようだ。昭和13年、陶芸家の河村蜻山（せいざん）が住む三樹荘を、蜻山の親友の水原秋桜子が訪れ、

三つ立てる椎の一つに月隠る

とシイの巨木に感動したのか句に詠んでいる。

我孫子文士村の原点のような旧嘉納別荘の跡地は現在、「天神山緑地公園」となっている。ここに、令和3年（2021）我孫子市民の手で嘉納治五郎の銅像が建てられた。かつては眼下に手賀沼の水面や遥か西方に富士山も望める景勝の地であったが、現在は沼の緑は埋め立てられて、若松という住宅地となっている。

緑地公園はさほど広くはないが、四阿（あずまや）などもあり、嘉納の功績を紹介する碑や嘉納の銅像や書の解説板が園内にある。入口近くにケヤキとシイの大樹があり、嘉納治五郎の印象と重なって風格さえ感じられる。

左手にあるシイは樹高25・7m、幹周3・18m。一年中青々と葉が繁り姿も良く、緑地公園にふさわしい大樹だ。ブナ科の植物で秋にはドングリが落ちてくる。子どもの頃「ドングリを食べるとドモリになるよ」などと老人に言われたことがあるが、そのようなことは無いそうだ。むしろ、シイのドングリは渋味が少なく、火を通すと甘味が増して、食べることができる。

ケヤキはニレ科の植物で、昔は臼やお椀をこの木から作られたという。緑地内のケヤキは樹高22・6m、幹回りは2m。二株立で3・07mと1・12mである。

入口のシイ

ムクノキ（左）とケヤキ（右）

園内には他に、ムクやタラヨウ、アジサイ等が植栽されている。

2020年（令和2）、ここを訪れる人達にぜひ知ってほしい植樹式が行われた。嘉納治五郎が生まれた10月28日は「世界柔道デー」とされ、国際柔道連盟は「嘉納ゆかりの地」の一環として、東南アジア各国の柔道指導者40名をこの地に招き、我孫子市長も参列して、ハナミズキの木を植樹した。現在、そのハナミズキの後に嘉納像が建つ。

ハナミズキは樹高約3m。4月に白い花が咲く。別名アメリカヤマボウシ。東京からワシントンに贈った桜の返礼の花木として、広く知られるようになった。

（越岡禮子）

世界柔道デー記念樹
ハナミズキ

白山観音堂のエノキ

我孫子は江戸時代以前から、水戸へ繋がる佐竹街道の宿場であったと伝わる。室町時代の応永年間に宿場の鎮守、八坂神社が創建されている。祭神は午頭天王、いわゆる素佐之男命である。京都の八坂神社から御分霊をいただき、宿内の平安を祈った。7月16日・17日、京都の祇園祭の日に、昔は祭礼が催されていた。

この八坂神社から小金宿寄りに300m行くと「めばえ幼稚園」の標識が左手に見える。右手の細道はかつての水戸街道で、今は鉄道で分断され、近くに渡橋が設けられている。

幼稚園への路地を100m程進むと、若いカヤの木に囲まれた狭い境内があり、小さな観音堂とエノキの古木がある。このあたりは大正の初めに嘉納治五郎が嘉納後楽農園を近くに開設するまで、静寂な地であった。鉄道開通以前の旅人にとって観音堂のエノキは我孫子宿への「道しるべ」だったのだろう。

観音堂のエノキは樹高16・8m、幹周2・7mで堂々とした大樹だ。地上3m程の所に昔、太い枝を払った跡がある。幹は灰色で直立し、葉をさわるとざらざらとしている。秋には落葉すると聞く。

エノキは夏になると大きく枝葉を広げるので、昔の旅人はこの木の下で休憩をとり、雨宿りをした。里程(りてい)の目印に、一里塚の頂きにエノキが植えられたことはよく知られている。観音堂脇のエノキも地上から4m程の所から太い枝が三方に分かれ、緑が深い。鉄道開通以前、多くの旅人がここのエノキの下で一息ついて、次の町や村へ歩みを進めたことだろう。

エノキはニレ科の植物で、花期の4、5月頃に淡黄色の花をつけ、10月頃にオレンジ色の小さな実をつける。野鳥はこの実を好み、種を方々に運ぶという。

エノキの下の古い観音堂内に、頭上に馬の頭を載せた馬頭観音が祀られている。我孫子宿では伝馬のため、常に15頭の馬を備えていた。地元の農家も農耕や運送のために牛馬を飼っていたので、馬頭観音はそれら牛馬の守り仏でもあった。

堂内には白鷹、向い目、鶏を描いた3枚の絵馬がある。白鷹は大六天を表し、無病息災を願い、「め」という字を向い合せた向い目は薬師様を表し、目病平癒を願い、鶏は荒神様を表し、防火祈願である。

3枚の絵馬はいずれも江戸千住の絵馬屋、7代目吉田東斉の描いた絵馬で、名人として知られている。

我孫子宿の静かな町で旅人の悲喜こもごもを見てきたエノキは今、朝夕、幼稚園に通う幼児らを優しく見守っている。

このエノキは昭和63年、我孫子市の保存樹に指定されたが、平成14年に解除されているのが気がかりである。

（越岡禮子）

〈所在地〉我孫子市白山2丁目

青山八幡神社のこぶのイチョウ

今は瀟洒な住宅地になっている南青山地区。かつては大利根の渡しに通じる水戸街道の道筋であった。緑が繁る大きな丘があったことから青山という地名がついたと伝わる。

こぶのイチョウ

その丘の上に鎮守の八幡神社と、無量院という寺がある。今も多くの樹々が鎮守の森を構成している。

八幡神社の祭神は誉田別命と皇大神。草創年代は不明。万治２年（１６５９）銘の板碑型庚申塔がある。

本殿右側に我孫子市保存樹のこぶ付きイチョウがある。樹高25・７ｍ、幹周３・55ｍ。樹の中程まで、木肌にごつごつしたこぶがたくさん付いていて、樹齢を感じさせる。雄なのでギンナンはならない。

このイチョウの近くに大正９年（１９２０）８月に建てられた「開墾苗木寄付者芳名」碑がある。海老原金兵衛ほか19名がヒバ、ヒノキ等の苗木を寄付したと記されている。

境内にはムクノキの大樹（樹高20・５ｍ、幹周２・85ｍ）、シロダモ（樹高24・１ｍ、幹周２・６ｍ）があるが、村の人達が植樹したというヒノキは確認できなかった。

無量院のタブノキ

同じ丘の上に八幡神社と隣接して、真言宗の無量院がある。草創については不明だが、境内に正和元年（１３１２）の銘のある「阿弥陀三尊種子板碑」がある。現在は不動明王が本尊である。旧本尊は木造十一面観音立像で、中世に造られた型式が見られる。

無量院のタブノキ

昭和63年に出版された「我孫子市史研究」に、境内に２本のタブノキの巨木があると記載されているが、この度訪ねてみると、残念なことにその１本が老朽による空洞化が進み、伐採されていた。伐採された大きな切り株跡が残っていて、根回り４・９５ｍの太さであった。

残されたタブノキは八幡神社へ通じる小路の角にある。

タブノキはクスノキ科の常緑高木で、中国では「紅楠」、和名は「浜椿」という美しい呼び名もある。霊が宿る木とされていたことから「霊の木」と呼ばれ、それが「タブノキ」に変化したとのこと。

高級な線香の粘着剤や、器具材、家具材、船材など多方面に使われている。花期は5月、初秋に球形で黒紫色に実が熟す。染料としても使われる。

（越岡禮子）

東源寺のカヤノキ

我孫子市柴崎にある曹洞宗東源寺は、天文9年（1540）、小田原北条三代氏康の開基と伝わる古刹である。

静かな参道を進むと、本尊の薬師如来を祀る本堂に出る。本堂の正面に、千葉県の天然記念樹に指定されている大変見事なカヤノキの巨木が、枝葉を大きく広げて聳えている。

30年ほど前にこの寺を訪れた時、本堂の右手にも立派なカヤノキがあった。右のカヤノキは正面のカヤノキの実生（みしょう）で、当時、すでに140年の年月を越えていて、立派な親子2代にわたるカヤノキの共存は珍しいとのことだった。この度訪れると、子カヤノキは伐採されて、切り株となっていた。

カヤノキ

正面の親カヤノキは樹高17・5m、幹周4・5m、根回り6・3m、推定樹齢230年を越えている。樹の下に、明治の著名な書家・高林五峰の揮毫による「光音禅師手栽の榧（かや）」の碑がある。

昭和30年代頃は樹勢もあって、その実は枝にたわわに実り、数十キロの収穫があった。一時衰弱のきざしが見られたが、現在は回復している。

このカヤノキの実は虫下しの効果があり、取手の長禅寺の光音禅師が発願（ほつがん）された相馬霊場八十八ヶ所巡礼者に虫下しの妙薬として配られた。東源寺は第五七番札所となっていて、今も他所より大きな大師堂がある。

戦前は境内に茶店があり、古老の話では、地元の薬種屋須藤家が管理をしていた茶店で、一服すると、その虫下しを渡されたそうだ。また、この樹の下で昭和の初めまで漢学塾が開かれ、村人ばかりでなく近在各地から向学の人達が、集い学んだと伝わっている。

「光音禅師手栽之榧」

カヤノキは暖地の森や林に散在するイチイ科に属する常緑の高木で、東北地方中部から屋久島まで、韓国の済州島などにも分布している。

幹の中の辺材は黄白色、心材は褐黄色で良い香りがする。保存性が高く、水や湿気にも強いため、建築、器具、土木用に広く使われ、大径の柾目材は碁盤、将棋盤に使われる。カヤノキの種子は胚乳の脂肪油が多く、食用、整髪油、駆虫剤まで幅広く用いられている。

東源寺のカヤノキは、志賀直哉の作品『十一月三日午後の事』にも登場する。直哉が従兄弟達と柴崎に鴨を買いに行く時に、「東源寺という榧の大木で名高い寺への近道の・・・」とあり、志賀直哉がこの近道を通ったのは大正7年のこと。すでに東源寺のカヤノキは巨木として有名であった。

（越岡禮子）

〈所在地〉 我孫子市柴崎170
東我孫子駅26分

最勝院のイチョウとヒイラギ

江戸初期の水戸街道は、布佐までは現在の成田街道と重なり、取手宿を通らず布佐から布川へと続いていた。

その古い街道沿いに、高野山（こうのやま）の真言宗最勝院（さいしょういん）がある。墓地には寛永8年（1631）銘のある一石五輪塔があり、草創は不明だが、近くの高野山香取神社の棟札の記名に、享保16年（1731）に、罹災した最勝院本堂を復旧し、本尊の不動明王を新調したことが記されている。

安永4年（1775）の相馬霊場創設時に、第27番札所となった。俳人の小林一茶は、創設からちょうど35年になる文化7年（1810）3月29日にここに立ち寄り、当日は太師詣の人で賑わっていたことや、彼の『七番日記』に「庭に大桜あり」と記している。

残念ながら、当時境内にあった3本のサクラは、昭和40年頃に枯れてしまった。境内にある集会場の脇にその切り株が残されている。

明治37年（1904）年札所が再建された時の大工は、白樺派の文人達の家を手がけた佐藤鷹蔵である。その札所の右側に、ピサの斜塔のようにやや傾いた特長のある大イチョウがある。樹高16・9m、幹周3・7mで、地面から細く高く繁っている。

このイチョウは雄株でギンナンの実をつけないが、ギンナンでかぶれる人がいる。その原因はギンゴール酸とビロボールという成分による。食品となるギンナンも、青酸などの有機酸を含むので、生で食べたり食べ過ぎると、発作や下痢などをおこしたりし、重症化するそうだ。

イチョウの葉は意外にも針葉樹とか。葉の形が鴨の脚に似ているところから、中国では「鴨脚樹」と呼ばれている。

最勝院の境内に、ヒイラギの大樹がある。樹高9m、幹周5株立、主幹は82㎝。モクセイ科。

最勝院のイチョウ

クリスマスの木や、節分の時にイワシの頭を刺して魔除けに用いる木として知られているが、「人生訓」としてもよく知られている。若い葉は縁が鋭くとがり、ギザギザの先に刺（とげ）があるが、老木になると葉の縁が滑らかになる。「人も歳を経たら丸くなりなさい」と教えているようだ。

ヒイラギの語源は疼（ひひら）ぐからきていて、葉にある刺に触るとヒリヒリと痛むからといわれている。

最勝院に、丸木舟に関する記録がある。大正12年9月の関東大震災で、手賀沼の底から古代の丸木舟5隻が出土した。楚人冠も友人を招いて見学に行き、町中大騒ぎになったという。

最勝院のヒイラギ

5隻の古代舟は、最勝院にしばらく保管されていたが、その後、4隻は県に寄贈され、残る1隻は近くの岡発戸八幡宮の軒下に、牛蒡（ごぼう）のように干からびた姿で吊るされた。

平成に入り、「我孫子の文化を守る会」の三谷会長らが、この丸木舟の時代測定を筑波大学に依頼した。その結果、資材はカヤの木、室町時代に製造されたことがわかった。この舟は今も八幡様の西の軒下にある。

（越岡禮子）

新木香取神社のケヤキ、スギ

タウン誌に紹介されてから、新木（あらき）の香取様といえば、境内隙間なく咲き満ちる彼岸花が有名になり、秋の彼岸の頃は訪れる人が多い。

新木の香取神社は、草創年代は不詳であるが、天正年間にこの地の領主であった河村出羽守が産土神として奉祀されたものであろうと、『湖北村誌』に記されている。祭神は経津主命。

興味深いのは、本殿は石造りで石組の高い基段の上にあるが、向拝部分は木造。昭和21年9月に、湖北小学校にあった奉安殿を利用して造立されたもので、向拝の蟇股（かえりまた）の裏に菊の紋章が残っている。

境内は240坪と『湖北村誌』に記されてあるが、樹木の密集がすごい。

新木駅南口から十数分、新しい住宅地を抜けるとやがて、農地が広がるあたりに香取神社を包む森がある。そこに鳥居、本殿、拝殿、碑、隣地との境となる堤を除けば、さして広いとも思われない境内に巨木がひしめきあっている。我孫子市指定保存樹が11本あり、スギ2本、ケヤキ9本。

大きなスギの樹高は19・7m、幹周2・62m。ケヤキ9本の平均は、樹高19・3m、幹周2・5m。

幹と枝が絡みついているかのように複雑なので測量は断念して、我孫子市役所の保存樹木記録（平成15年調査）である。

他にシイの巨木などもある。因みに当神社の樹木数は、2000年に調査された『東葛348ヶ所鎮守の森調査研究』に122本と記されている。

我孫子市内には鎮守の森をもつ神社は多いが、都市化のため厳しい現実に直面している。この新木香取神社の境内に立つと大規模な自然破壊を危惧し、神社合祀に反対した南方熊楠の功績が偲ばれる。

湯本信康氏の書かれた一文は、この新木香取神社の現状をあらわしているようで紹介したい。

「神社」と書いて「もり」と読ませ、神社の地にある樹林に「杜」の字をあてる。一般的に神社で重要なのは鎮守の森であり、神殿の奥に自然林が見える。それが神体林と呼ばれ、人々が勝手に立ち入れない「入らずの森」と称され、聖なる場所である。「我孫子の文化を守る会」講演会資料より

（越岡禮子）

〈所在地〉 我孫子市新木2598

新木香取神社　鎮守の森

新木香取神社の樹々

伊勢山天照神社のスダジイと大イチョウ

天照神社の草創は古代までさかのぼり、日本武尊が東征の折、この地に天照皇大神の神籬(ひもろぎ)をたて武運祈願したという伝承がある。祭神は大日霊貴命(おおひるめのみこと)。

今から40年程前にこの神社を訪ねたことがある。我孫子市史研究センターの主催で、この神社の由緒や境内の各所に建立されている記念碑、金石文、湖北地区の風習などについて、境内で講師の話を聞き、天照神社の歴史の深さを知って感動した。

この度神社を再訪すると、かつての鎮守の森の趣(おもむき)はなく、穏やかな緑地公園のように変わっていた。社殿は新築され、記憶にあった記念碑や祠(ほこら)も整然と並んでいる。

その昔、中相馬の七郷（岡発戸(おかほっと)、都部(いちぶ)、中峠(なかびょう)、中里、占部(うらべ)、日秀(ひびり)、新木(あらき)）の総鎮守であったことから毎年、七郷(しちごう)による奉納相撲がこの社で行われていたが、その土俵も今回は見ることができなかった。

スダジイの巨木は、変わらず社殿の前にあった。樹高26・9m、幹周3・62m、正に歴史を感じさせる堂々とした姿である。昨年（2022）近隣の人家への落枝を防ぐため、幹の中程からの枝をかなり間伐(かんばつ)したが、樹高は変らず、枝葉も豊かに繁っている。秋には細い形をしたドングリが実る。

スダジイ

家にあれば笥(け)に盛る飯を草枕
旅にしあれば椎の葉に盛る

古社の境内にあるスダジイを眺めながら、ふと、有間皇子の詠んだ椎の木を想った。

目的の大イチョウは、ちょうど色づいた黄葉が美しかった。よく手入れがされていて樹形も整い、樹の下にはたくさんのギンナンが落ちていた。

このギンナンは、毎年10月1日の祭礼の日に氏子達に配られるようで、私も天照神社の印が押された紙袋に1合ほどのギンナンを戴いたことがある。

境内のほぼ中心に植えられている大イチョウは雌株で、樹高22・8m、幹周3・62m。境内にはこの大イチョウの近くに雄のイチョウが存在する。

大イチョウ

火災に強いイチョウは神社や寺、並木に植えられることが多い。

元来、中国が原産で「公孫樹」と漢字書きをする。公は祖父の尊称。祖父が種を蒔いても孫の代にならないと実がならないという意味を持つ。また、中国では本尊が観世音の寺に、このイチョウを植えることが多かったという。

金色のちいさき鳥のかたちして
銀杏散るなり夕日の岡に
与謝野晶子

〈所在地〉伊勢山天照神社
我孫子市中峠1148

（越岡禮子）

日秀将門神社と観音寺のイヌマキ

日秀地区に千年の歴史の伝承を持つ日秀将門神社がある。将門が戦没するや、その霊が手賀沼を望む丘で遺臣たちと朝日を拝したという伝承があり、ここに現在の将門神社がある。

将門神社と隣接して旧鎌倉街道や古代の日秀西遺跡もあり、歴史ある地区と知れる。

将門神社の氏子は江戸の昔から20数軒と聞く。平将門が幼少の頃に住んでいた所として伝えられ、日秀地区は将門伝説が豊かな所だ。胡瓜は将門の家紋の九曜紋に似ることから輪切りしない。また正月の行事のオビシャでは、矢は将門調伏祈願の寺、成田山新勝寺に向けて矢を放つ等々、将門との関わりを色濃く残している。

近くには将門が軍用に用いたと伝わる「石井戸」や、将門の守り仏「聖観音」が祀られている観音寺がある。

日秀将門神社と観音寺には各々、イヌマキの巨木がある。共にイヌマキと将門伝説との繋がりはないのだが、我孫子市指定保存樹に指定されている立派な大樹である。

神社境内には鳥居の先に拝殿と石造りの本殿があり、2022年暮れ、本殿に鞘堂が完成した。

将門神社のイヌマキ

イヌマキはその右側にあり、しめ縄があるので神木とわかる。枝の広がりは狭いが、26mの樹高と、直立する幹が特長である。幹周は2・88m。根の部分が40年程前に境内の土手を削ったために大きく露出して根上りのように見える。

拝殿の右側にはシイの大樹があり、イヌマキと共に市の指定保存樹になっている。樹高25m、幹周4・17m。樹形が面白く、巨人が両肘をほぼ直角に曲げている姿のように見えるのは私だけだろうか。

将門神社から成田線を越え、数分歩いた所に、曹洞宗観音寺がある。成田街道と交わる角に寺があり、「首曲り地蔵」のある寺として有名である。傍らの観音堂の屋根には平将門の家紋、九曜紋がある。堂内には行基作と伝わる将門の持念仏、聖観音が祀られている。

「首曲り地蔵」は成田街道に向いて祀られているが、首は成田方面に背けている。これは成田詣でをする人達に反意を表している。

このお地蔵様と観音堂の脇に大きなサクラの木が2本ある。どちらも樹高15m程、幹周3m程。枝が幾本にも分かれたソメイヨシノだ。満開の花の頃、お地蔵様やお堂を優しく見守っているようで、写真スポットとなっている。住職が小学校入学の記念に植えたとのことだから、樹齢70年前後と推定される。

本尊の釈迦如来を祀る本堂の前に、巨木のイヌマキがある。樹高16・5m、幹周4・15m。山門入口の門柱の脇にあり、我孫子市保存樹に指定されていて、単独で繋っている。枝は広がらず、境内の脇の市道から子細に観察できる。住職によれば樹齢200年程とのこと。樹皮は灰白色、葉は互生で深緑色、裏は淡い緑色。常緑高木で庭木や生垣に適している。秋には赤や紫色の実がなる。

（越岡禮子）

観音寺のイヌマキ

紅いツツジとケヤキ並木

―我孫子市民の歌から―

我孫子市民に広く親しまれている『我孫子市民の歌』がある。我孫子市が市制50周年を記念し、ふるさとあびこのイメージにふさわしく、子どもから高齢者まで、いつでもどこでも口ずさめる歌として公募した。

その結果、審査委員会は一市民の平塚歌子氏の作詞を選定した。それをもとにして委員会は、シンガーソングライターの小椋佳氏に補作と作曲を依頼。昭和56年1月15日、「我孫子市民の歌」が制定・誕生した。

4番まであるこの歌の歌詞冒頭に、我孫子の市の花である、紅いツツジの文言が出てくる。さらに続いて同じく、市の木であるケヤキ並木が登場する。紅いツツジは、春の手賀沼遊歩道を彩っている風景を、ケヤキ並木は湖北台団地内の美しい道路の眺めを描いている。手賀沼の遊歩道は、昭和54年我孫子市制10周年記念事業としてつくった、手賀沼公園からフィッシングセンターまでの約5㎞の散歩道である。

平成23年の東日本大震災以降、沼の周りの堤をかさ上げしたために、公園から手賀大橋の間は、遊歩道を歩いても沼が見えなくなってしまった。我孫子市は、今、かさ上げした堤を散策の道に整備中である。かつて、オリンピックのボート会場や、ディズニーランドの候補地にもなった手賀沼。10年前までは水質汚染度で国内一位を続けていたが、今日では印西地区の利根川の水を北柏駅近くまで汲みあげ、手賀沼に流すようにして、大分浄化されている。

湖北台団地は、昭和45年に当時の日本住宅公団が造成した広大な住宅地。JR湖北駅に近く、南に手賀沼が美しく眺められる素敵な環境の住宅地である。

「我孫子市民の歌」市は希望する家庭にはCDを無料で提供している。また、令和2年7月から1年半にわたってJR我孫子駅の発車メロディーにも使用された。

この我孫子市民の歌は、市内の様々なイベントで歌われている。自分も、市の高齢者対応の「長寿大学」に通っていた4年間、毎朝この歌を級友と歌っていた。最初は少し難しそうと思っていたが、週に2日の授業日に大声で歌っているうちに、すっかり愛着がわき、大好きな歌となった。歌詞には、春夏秋冬美しく彩がうつりかわる我孫子の風景が折り込まれている。心温まるメロディーと相まって、我孫子市民以外にも聞いていただきたいすばらしい歌と信じている。

（逆井萬吉）

手賀沼遊歩道の紅いツツジ

湖北団地内のケヤキ並木

第6章　鎌ケ谷市の樹木

鎌ケ谷
柏市
松戸市
白井市
0
10km
N
茨城県
埼玉県
野田
流山
柏
我孫子
松戸
鎌ケ谷
白井市
印西市
東京都
市川市
船橋市
八千代市
東武野田線
新京成線
柳
佐津間
隊下総航空基地
海上自衛隊下総航空基地
中山
軽井沢
遠山
落山
北部小学校
鎌ヶ谷西高等学校
入道台
第三中学校
西部小学校
豊作稲荷神社
鎌ヶ谷消防署
鎌ヶ谷警察署
東武野田線
粟野
鎌ケ谷
初富
串崎新田
くぬぎ山駅
新鎌ケ谷駅
北総線・成田スカイアクセス
北総線・成田スカイアクセス
新京成線
鎌ケ谷市役所
第五中学校

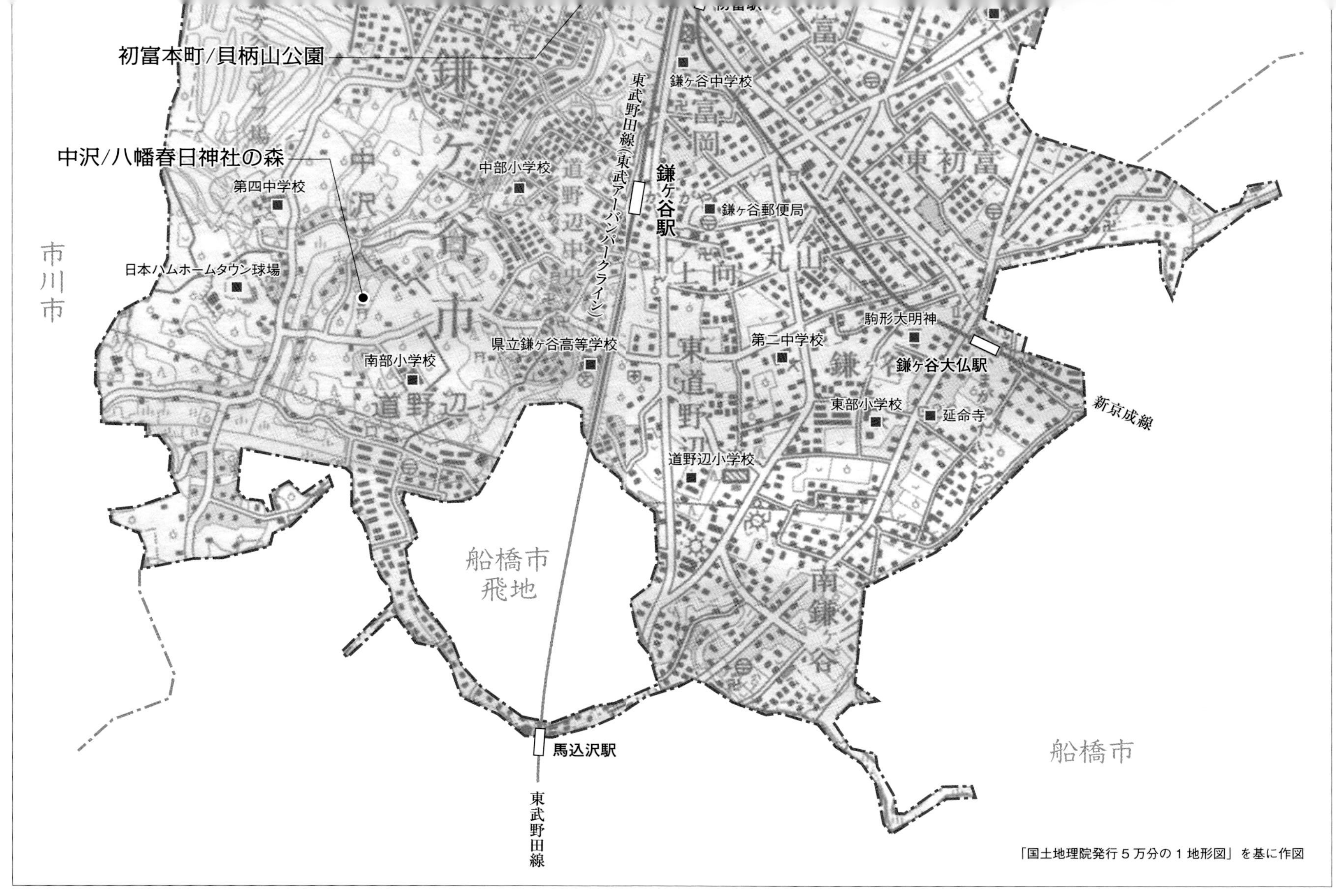

「国土地理院発行５万分の１地形図」を基に作図

貝柄山公園

市街地の緑地帯整備の象徴

自然の地形を生かして整備された公園がいまや、水辺と緑の空間として市民の憩いの場となり、街に潤いと活気を与えている。そんな市街地の中の樹林帯が鎌ケ谷市の「貝柄山公園」である。

「貝柄山公園」は、鎌ケ谷市のほぼ中心に位置し、新京成線初富駅、北初富駅より徒歩10分、東武アーバンパークライン鎌ケ谷駅より徒歩15分の位置にある。周囲は市街化が進んでおり、住宅に囲まれた立地となっている。もともと「貝柄山公園」は、真間川水系根郷川の最上流の湿地帯だったところで、南北に細長く伸びた谷地田が公園として整備された。昭和59（1984）年に全面開園し、その後も拡張され、約4・1ヘクタールの面積となっている。近接には、縄文時代の直径約130mの馬蹄型貝塚の中沢貝塚がある。その旧地名の中沢字貝柄山から、「貝柄山公園」と命名された。

整備当時の貝柄山公園現況平面図（鎌ケ谷市提供）によれば、樹木は計40種、約1700本が植樹された。景観を印象づける樹木として、サクラ、シラカシ、ナラ、サルスベリ、ソロ、コブシ、ケヤキ、ヤマモミジ、キンモクセイ、リョウブ、クロマツ、カツラ、メタセコイア、ヤマモモ、ハナミズキ、マテバシイ、スギ、シダレヤナギ、モクレン、アカシア、ゴンズイ、ハクレン、エノキ、ナツツバキ、ミカン等がある。

季節感を演出する樹木として、ツバキ、サザンカ、フジ、サツキ、オオムラサキツツジ、アジサイ、ハナウツギ、ムクゲ、シャリンバイ、ヒュウガミズキ、アベリア、キョウチクトウ、コデマリ、アオキ、ハギ等がある。

公園は、「人」という字に似た形状を持ち、中央に約3400㎡の大きな池を配置している。緑に包まれた空間に野鳥たちのさえずりが静かに響く。季節毎に、樹木の葉や花木が装いを変え、色彩や樹形の美しさを競う。それに合わせて、訪れる野鳥達の顔ぶれも変化していく。（カワセミ、ウグイス、カモ、シジュウカラ、コゲラ、ツグミ、ヤマガラ、セキレイ、モズ、メジロ、アトリ等）

池を中心とした回遊式の庭園を散策すると、斜面緑地、園路沿いの樹林、植栽が立体的に重なり、場所毎に異なる表情を見せる。園内には、多種多様な樹々が配置され、豊かな自然の中で四季を楽しむことができる。

北、南、東の端に主要な出入り口があり、三つの駅から各々アクセスできる。谷地の形状を利用したことから、周囲の建物に隠れていて、園内に入るまでは緑地帯に気がつかない。雄大な景観がひっそりと佇んでいることが、この場所のチャームポイントにもなっている。

北から入っていくとサクラ、ケヤキ、ソロなどの緑と野趣溢れる幹のトンネルが続く。東側からは、坂道の下にケヤキやクスノキの樹形を見下ろしながら入っていく。南側から入ると、見上げるメタセコイアの凜とした列柱空間が並ぶ。どこから入っても池にたどり着き、池を囲むように緑の回廊が連なる。回遊、通り抜けの散策コース。水辺と緑、青空が織りなす奥行きなど、立体感のある景観が魅力的だ。

斜面緑地や水辺の緑は、小動物や植物の生育空間となり、生物の多様性を守っているようだ。豊かな緑の景観は四季感を醸しだし、街の魅力となっている。

谷地田の地形を生かし、斜面緑地と回遊性を考慮して行われた植栽や修景。「貝柄山公園」は、当時の企画、設計を現在まで継承しつつ、市を象徴する緑地帯として整備された。

開発が進む東葛地域で、魅力的な緑地空間を創り、維持していくことは困難となっている。市街地の中の、緑地帯や都市型公園への整備モデルのひとつがここにある。

（奥田　富子）

【取材協力】 鎌ケ谷市都市建設部
公園緑地課

【 貝柄山公園の記録写真 】

整備以前　1975/1/20

整備後　2019/10/1

開園当時　1984 年（昭和 59）

現況　2023/9/24

メタセコイア 2022/9/4

池の全景　2022/9/4

池の全景 2022/9/4

【貝柄山公園】（都市公園：供用面積 4．1 ha）
・アクセス：新京成線初富駅または北初富駅（各徒歩 10 分）
　／東武アーバンパークライン鎌ケ谷駅より徒歩 15 分
・駐車場：３６台（南口Ｐ１０台＋北口Ｐ２６台）
・身障者用駐車場：北口Ｐのうち２台
・駐車場の開門時間：午前 7 時～午後 5 時 30 分
（5 月～ 8 月：午後 6 時まで）

八幡春日神社の森

鎌ケ谷市南西部の中沢にある八幡春日神社は、根郷川の左岸台地上に位置する。周辺は原始・古代の遺構が多い。1876年（明治9）には梨の栽培を行っていた資料なども残されており（1）、周囲には梨園が広がっている。

神社入口は交通量の多い道に面しているが、一歩鳥居をくぐると樹に覆われ、静寂に包まれる。神社の森は巨木が多く、1992年（平成4）に「八幡春日神社の森」として、鎌ケ谷市文化財に指定された。

参道鳥居脇にあったクロマツの巨木は、遠方からもよく見えた有名な木であったが、1971年（昭和46）に枯死して伐られた。輪切りが郷土資料館に展示されており、その樹齢は300年を超える（1）。

本殿前東のムクノキ
（幹回り 3 m 46㎝）

スギの巨木が、参道脇（幹回り3m43㎝）と、本殿後ろ（幹回り3m90㎝）に2本あり、神社の森はクロマツやスギを主とした人工林から始まったと考えられている。

落葉広葉樹のムクノキの巨木も多い。『鎌ケ谷市史別巻2（自然）』（2011年）には、八幡春日神社には、直径100㎝を越える巨木が9本あり、この中の一本は直径162㎝（幹回り5m8㎝）と記されている。

神社へ行って見ると、幹の太いムクノキやケヤキが目につく。参道脇にある大木の根元は落ち葉が寄せられてふかふかで、足を踏み入れるのもためらわれる。ムクノキやケヤキなどは、林の中に自然に芽生え生長したものという（2）。

常緑広葉樹のシロダモも多い（3）。道路に面した西側のシロダモは、3股に分かれた幹のうち1本は朽ち、残り2本が斜めに枝を伸ばし、丸い樹形を見せている。シロダモは雄株と雌株があるが、参道を少し入った西脇のシロダモに、赤い実がついていたのを確認した。道路沿いの大きいシロダモと、本殿後ろにある2股のシロダモは、樹高が高くよく見えなかった。

道路沿いのシロダモ

シロダモはクスノキ科で、葉は枝先に集まってつき、葉の裏面が白いのが特長。こするとロウ質がとれて緑色になる。種子に含まれる油は、ろうそくの原料や灯火の油に利用された（4）。

ムクノキやケヤキの低木としてヤブツバキが多いのも特色となっている。

神社の東側に回ると、八幡春日神社の「鎮守の森」の景観が眺められる。周辺をふくめて守られている財産だと感じた。

（岡村純好）

参考文献

（1）『平成26年度　鎌ケ谷市郷土資料館企画展地区の歴史と文化財⑥　中沢』（2014年）
（2）『鎌ケ谷市史資料編Ⅶ（自然）』（2000年）118頁
（3）『鎌ケ谷市郷土資料館調査報告書Ⅴ　鎌ケ谷の樹木』（1995年）34頁
（4）『語りかける樹木』須田直之　筑波書林（2000年）180頁

鎌ケ谷市の木
キンモクセイ

鎌ケ谷市の木モクセイは、1970年（昭和45）11月30日、郷土緑化推進運動の一環として、市民に一般公募して決まった。

モクセイはギンモクセイ、キンモクセイなどの総称であるが、鎌ケ谷市ではキンモクセイをさしているようである。

粟野の篠宮家のキンモクセイ

10月1日、庭のキンモクセイの匂いに気付いて、鎌ケ谷市粟野へ向かった。粟野の篠宮家に、鎌ケ谷市で最も大きいキンモクセイの木があり、市の指定文化財となっている。

地図をたよりに行くと、生垣の向こうにオレンジ色の花をたくさんつけて、もこもこした山みたいなキンモクセイの木が目に入った。後の2階屋よりキンモクセイの方が高く、少し離れた所に立つ電柱と同じ位の高さだ。

南側の道路に回ると、門の入口は開放されていて、キンモクセイの全体がよく見えた。手前にある作業所の屋根に覆いかぶさるように元気に成長して、花つきもいい。

塀の外に説明板が立っていて、1986年（昭和61）には、高さ8m、根本直径46㎝、地上1mの幹まわりが1m47㎝と記されている。

篠宮家のキンモクセイ

市の指定文化財のため計測値が更新されており、2000年の『鎌ケ谷市史資料編Ⅶ（自然）』には、直径55㎝（幹回りに計算すると約1m72㎝）。さらに2011年の『鎌ケ谷市史別巻2（自然）』には直径57㎝（幹回り約1m79㎝）と、着実に成長しているのがわかる。写真を比べてみると、今はもっと太く高くなっているように見える。

キンモクセイは、モクセイ科の常緑広葉樹。中国原産で江戸時代に日本に入り、雌と雄の木があるが、日本にあるのはほとんどが雄で実を結ばない。灰褐色の樹肌の模様が動物のサイ（犀）の皮膚に似ていることが名前の由来という。

幸運にも、刈った草を運ぶ家の人がおられ、「いい時期に来たね」と声をかけてくれた。90歳を超えるというご主人が話されたことは、昔庭に井戸があったが、その井戸を埋めた後に急に大きくなった。水が十分届くようになったからではないか。このキンモクセイがいつからあるかはわからないということだった。

市の木　キンモクセイ

道すがら、キンモクセイを探しながら歩いた。東武野田線六実駅から、鎌ケ谷市域に入ってすぐの所にある粟野市営住宅は、5階建て2棟の小規模な集合住宅だが、敷地内に17本ものキンモクセイがあった。

篠宮家から近い粟野庚申塔群も見ておこうと八坂神社へ足をのばした。街道沿いの屋敷にもキンモクセイやギンモクセイが見られ、八坂神社の拝殿横にもあった。粟野青年館に5本、市役所の前に1本、市立図書館で4本見つけた。

2021年（令和3）度鎌ケ谷郷土資料館の企画展図録『KAMAGAYA　1971～市になったころの鎌ケ谷～』に、市制施行記念の市内を緑でうずめる緑化運動の一環として、全世帯と公共施設に、モクセイの苗木を無料配布した時の写真が掲載されている。

キンモクセイは、秋の到来を知らせるように芳香を放ちながら、市の発展と共に歩んできた木といえよう。

（岡村純好）

別稿

東葛地区のクロマツの北限 アカマツの南限を探る

ふるさと常陸大宮市の山はアカマツ林でマツタケが採れた。マツタケは素人には見つけられないもので、プロのような人だけが収穫していた。山菜と同じで他の人の山でも自由に採れた。マツタケは今回はパスして、ふるさとから約40㎞那珂川を下ると大洗海岸で、そこはクロマツである。子どもの頃、海を初めて見るのが13参り（数えの13歳で現在の東海村の虚空蔵さまをお参りする）で、クロマツを見たはずだが、初めて見る海に眼を奪われて、そのマツがふるさとのマツとは違うとは気づかなかったようである。

とにかく、海岸はクロマツで山地はアカマツである。それを東葛に置き換えると市川はクロマツで、野田市二川の日光街道松並木が1本残っていたのがアカマツである。それなら、クロマツもアカマツも混在するのはどこなのか。野田の清水公園にはアカマツもクロマツもあったから、あの公園が中間地点なのか。が、公園は木を植えるから、自然のものとは違うが、一応そう予想して置いて、東葛のあっちこっちを歩いてみようと考えている。

市川砂州のクロマツ

ＪＲ本八幡駅で降りて葛飾八幡宮のクロマツを見に行く。クロマツの大木３本は高さ22ｍで市の保存樹木になっている。この境内のクロマツは北へ大きく傾いているのは、海風によるものと思われる。

境内にアカマツが1本あってこれは何かの記念の植樹によるものと書いてあったし、若松の何本かも植樹されたようである。

八幡宮近くで珍しいクロマツを見つけた。それは屋敷に生えているのだが、塀を突き抜けて道路側へ出て直立している。マツを塀の邪魔だからと言って切らずに、大事にしている様子が見て取れる。

次は京成真間駅で降りて春日神社へ向かう。境内にはクロマツが12本もあって、ここも砂地である。珍しく根上がりしているマツが２本もある。根元の砂を取られてしまったのだろうか。

太平洋戦争中、飛行機の燃料として松根油を採取した。私も６年生の頃アカマツの幹に傷をつけてウルシの樹液を採るようにしてマツの油を採った体験がある。

「大きな枝の下が油は多く出るから、その下を傷つけるんだよ」

と先生が説明してくれた。市川でも同じだったと『市川の自然』に出ている。その傷跡が残っている写真がある。これは言わば戦争の傷跡である。でもこの松根油では飛行機は飛ばなかったそうである。

市川砂州は縄文時代にできたという。砂洲のクロマツはＪＲ西船橋駅から西へ江戸川べりまで帯状に約４㎞続く。このクロマツ地帯を京成電車、千葉街道、ＪＲ総武線がほぼ平行に走っている。その南北の幅は京成線路の北から千葉街道を経てＪＲの線路までの間だから、約５００ｍほどである。

その帯状の部分が市川砂州で、古代の海岸線と言われている。そんなわけで、市川市の木はクロマツである。

バスで里見公園（市川市）へ向かう。ここは広重の「鴻の台利根川風景」という浮世絵でマツと高瀬船の白帆が印象的だが、今マツはまったくない。

布施弁天のクロマツ

参道に松並木があったはずなのに、ぽつりぽつりとクロマツが5本残っているだけである。農作業をしていたお年寄りに聞く。「マツクイ虫にやられて、4～5年前に枯れました。ほら、所々に切株があるでしょう」

ここは参道の右も左も水田だった。埋めたてて左側は公園になり、右側は畑になった。だから、参道は粘土質で砂地ではないがクロマツである。

なお、豊四季は江戸時代は小金牧だったが、気象大学にはアカマツがあり、東葛高校にはクロマツの大木が林立している。

旧水戸街道南柏の松並木

『柏の100年』（郷土出版社）に旧水戸街道の松並木の写真（昭和37年頃）が載っている。電柱よりかなり高いようであるから、小金牧時代も知っているマツなのだろうか。

伝承によると水戸黄門がマツ1000本を植えさせたというが、その話には無理があると相原正義さんは言う。旧水戸街道の両側に2・9キロにわたってあった。昭和55年今谷上町の野馬土手の老松を最後に姿を消した。「樹齢300年以上の黒松」だったと相原さんは記録している。だから、江戸時代中期から生きて来たものである。松枯れの原因はマツノザイセンチュウ病によって、昭和40年頃に老アカマツが枯れ始めたというから、南柏の松並木はクロマツもアカマツもあったことになる。

詩人寺門仁さん（故人、前ヶ崎在住）詩集『木に育つ魚』があって、旧水戸街道のマツを詠んでいる。

旧水戸街道に聳えて最後まで残っていた大松と
日蓮ゆかりの本土寺楼門前の
樹皮が亀甲型の
たいそう太かった松と　これ
この通り注射で縮められて
立派な盆栽になっている（以下略）

江戸川台のクロマツ、アカマツ

江戸川台東のマツはどうか。ここは江戸時代は小金牧か牧に接した地区である。かなりの大木があるが、それが牧時代からのものか、明治以降のものか判然としない。自然に生えた木か、植栽された木かも分からない。しかし、市川や南柏には300年を越えるクロマツが生存しているというから、ここにも老木があるかも知れない。

江戸川台6号公園（江戸川台東2丁目）にアカマツが1本立っている。形も均整がとれている。

江戸川台稲荷（江戸川台東1丁目）にはクロマツ3本、アカマツ3本。牧時代も生きたマツのように思われるが、それははっきりしない。江戸川台団地を造成した時（昭和33年）に、残されたマツであることは確かである。

柏市と流山市の市境の緑地には約30本ものアカマツ、クロマツが混在している。また、江戸川台駅の北側に線路に沿ってある細長い江戸川台緑地公園、ここは恐らく現在の東武鉄道の前身である千葉県営鉄道建設の時（明治末）に残されたマツということになる。ここのマツはクロマツ30本、アカマツ12本である。

浄心寺（流山市東深井）の明治33年の文書によると、

松　目通一尺以上　百本
松　目通一尺以下　壱万三千三百八十本

とあってマツが多いことが分かる。これと同地の迅速測図（明治10年代）を調べると「松」の文字が無数に分布していて、牧時代を髣髴させる。しかし、文書でも地図でもアカマツかクロマツかは分からない。

アカマツ、クロマツの区別

江戸川台東のマツを集計すると、クロマツ62本、アカマツ17本となり、アカマツの割合は全体の約2割である。だから、クロマツ、アカマツの混在林と言える。だが、ここがクロマツ地帯の北限、アカマツ地帯の南限と言えるかどうか。

それは後ほど考えるとして、私の戸惑いを述べたい。それは、江戸川台のマツを見て、

「樹皮を見ると幹の下部はクロマツのようだし、上部はアカマツのようだし、このマツは一体どっちなのか」

という疑問である。一時は現地調査を中断していた。が、「自然通信」の田中利勝さんが「アカマツでも下部の樹皮がクロマツのようなアカマツがある」という解説に出会って、やっと疑問点が解消した。

草津温泉へ行った時も、下が黒いアカマツを見たが、下から上まで赤いマツもあった。もちろん、クロマツは見かけなかった。また、一茶双樹記念館のマツも一見してアカマツと分かる。アカマツには、樹皮全体が赤いのと上部だけ赤いのがあるという事が判明した。

植物図鑑で確かめると、

「アカマツとクロマツが混生している地方にはしばしば樹型、樹皮などに中間的な形質を示す株が見られる。その大部分は両方の種の自然雑種とみてよい」（『新分類牧野日本植物図鑑』北隆館）とあるから、江戸川台のアカマツは自然交配による雑種なのだろう。

日光東往還の松並木

現在の流山街道は、日光東往還と呼ばれていて、北は東高野から南は柏寺にかけて約1キロを超える松並木のトンネルだったという。

金子勝一さん（野田市東宝珠花）によると、「昭和50年頃クロマツ、アカマツの大木が50本余りも残っておりましたが、今は二川小学校の道路わきにアカマツが1本だけです」と教えてくれた。

昔の景観を取り戻そうと、関宿ライオンズクラブが平成4年からクロマツの植樹が行われた。二川郵便局前にはそれを記念した石碑も建っている。補植したマツは東側に16本、西側に9本数えられる。なかには枯れた苗もあり、窮屈な場所で排気ガスにはやられるし、マツにとっても住みずらいようである。

ところで、関宿でもアカマツ、クロマツが混在しているという。私は海岸から50㎞も離れていて、二川小のアカマツを見ているので、関宿はてっきりアカマツだけと思っていたのだが。だから、アカマツだけになるのは、なお北へ移り海岸から離れそうである。東葛にはクロマツの北限もアカマツの南限もはっきりしない。流山も野田も、両松の中間点と言えそうである。

むすび

図鑑にはクロマツは砂地を好み、アカマツは関東ローム層に生育するとある。が、それは原則なのだろう。布施弁天の粘土層にクロマツが植えられていた。市川砂州ではアカマツが植樹されているのも見て来た。江戸川台地区ではアカマツもクロマツも生えてる林もあった。現実のマツは、図鑑通りには生きていないようである。

本稿は「東葛地区のクロマツの北限、アカマツの南限を探る」としたが、市川ではクロマツが圧倒的に多く、北へ行くほどクロマツの比率が少なくなっているようだが、アカマツが圧倒的に多くなって、両松の逆転までは至っていない。だから、関宿の北にクロマツの北限で、アカマツの南限があるようにも見える。

なお、東葛のマツにかかわる地名についても少々触れて置く。大きい地名は松戸があるが、マツサトが詰まってマツドになったという。だが、マツサトは馬津郷という説もあるから、そうなると松とは関係ない。

柏には松ケ崎、松ケ崎新田、松葉町がある。流山には松ヶ丘、西松ヶ丘がある。

流山市思井には小字名の「赤松」があるが、黒松という小字名は東葛にはないようである。なお、東葛の隣の人名になるが、利根町には赤松宗旦という『利根川図志』の著者がいた。

さて、黒松は男松、アカマツは女松の別名がある。人間社会でも、近頃は男性か女性か区別がつけにくく、紛らわしい限りである。

（青木更吉）

別稿

畑に残る小さな境木

境木とは

隣家の畑との境界の目印として植えられた木をサカイギ（境木）とか、サカイッカブ（境株　野田市中里）と呼ぶ。作物に影を作らぬよう頻繁に刈り込まれ、低く維持される木だ。

境木を探して

あまり取り上げられることのない境木を周辺各地で探してみた。

①流山市北西部、大型物流倉庫群にも近い北・小屋地区で、高さ70～1m10㎝ほどの境木が点々と残っていた。近くの農家の方は、「これは境木というが、木の種類はわからない。空いている畑も前はほうれん草を作っていた。よそのうちの畑だが、作ってくれと言われる。年取ってくるとだんだんできなくなる。境木は一年に3回位伐る。家を建て直した時、畑の中も石杭を入れた」と話す。

周囲の境木を見ると、カマツカ6本、葉の丸いマルバウツギ4本、マユミ3本、エノキ3本、ムクノキなどが点々と30本近くあった。

流山市北・小屋　カマツカとコンクリートの境界標

②江戸川沿いの道路を北上して、野田市岩名で見た境木は、流山市で見たものより大きく高さ140㎝ほど（11月は95㎝）。許可を得て樹種を見せてもらうと、ウツギ12本、エノキ12本、マユミ1本、マサキ8本、ガマズミ5本、ケヤキ2本、計40本になった。

ご主人は、「畑にある境木がいろいろなのは、昔のことだから、（手元に）ある木を植えたのだろう。6月と秋の年2回、高さは1m位に伐る」と話された。

小道に入ると、畑と道の境にチャノキ、クワ、コブシ、ツゲの境木もあった。

③旧川間村の野田市中里では、屋敷の前の畑をぐるっとチャノキで囲っている家があり、通りがかりの人に尋ねると、「畑の中にあるのはサカイッカブと言う。畑は道より高くなっていて、畑のまわり、道との境には埃よけにずっとお茶が植えてあった。子どもの頃、家で飲む分のお茶を、親が製茶していた」。また別の人から、「子どもが川間小学校に通っていた時、自宅のお茶の葉を小学生に摘ませて、学校に提供する家があった」と聞いた。

さしま茶の産地に近いこの地区では、昭和40年前後まで、茶葉を仲買人に売ったり、自家用に製茶していた家が多かったと、中里在住の小川浩さんが教えてくれた。

チャノキの他にウツギの境木もあちこちで見かけた。

野田市岩名　点在する境木
2022年11月

④鎌ケ谷市初富で、「畑の境に植えた木は何か」と尋ねると、3人中3人が「ウツギ」の名前をあげた。

畑でビニールを被せていた人は、「あれはウツギ。昔は境木と言っていた。なぜウツギがいいのかはわからないが、伐っても枯れず、強いからではないか。伸びたから、ちょうど伐ろうと思っていた所だ」と話した。

1m50㎝ほどに枝を伸ばしたウツギは、白い花をきれいに咲かせていた。

鎌ケ谷市初富
剪定する直前のウツギの境木

ウツギ以外にもチャノキ、マサキ、エノキの境木を見かけた。

境木とは違うかもしれないが、梨畑と道の境には、サワラ、ヒノキ、マサキなどの高さ1m80㎝位の生垣が続いていた。梨園の周りの生垣は鳥よけのためだと野菜直売所の方が教えてくれた。

⑤我孫子市中峠では、細い道沿いにウツギやチャノキの境木があった。ウツギの木を指して「サカギと言った」という人もいた。

⑥松戸市紙敷の畑で、ウツギの境木が4本、実をたくさんつけていた。高塚新田の傾斜のある畑では、道の境に2mほどに大きくなったウツギが並んで花を咲かせているのを見た。

⑦柏市大青田のある畑では、隣の畑との境にウツギ1本、ケヤキ1本、ネズミモチ2本、エノキ3本、ケヤキ1本、計8本並んでいた。「何と呼ぶのかはわからない。昔はもっと小さかったように思う。いつもうちの主人が伐っている。」と奥様が話してくれた。

別の畑でウグイスカグラ、エノキ、ウツギの境木があった。

境木の種類

ウツギの花が咲く5月、7地域で見つけた境木（境株）の樹種は、ウツギ、チャノキ、カマツカ、マサキ、マユミ、ネズミモチ、エノキ、ケヤキ、ムクノキ、ガマズミ、クワ、ツゲ、コブシ、ウグイスカグラなどであった。

限られた見聞で十分ではないが、ウツギが最も多く、東葛地域全体で見られた。

以前、柏市豊四季で木釘問屋をしていた人に話を聞いた時、「昔は畑の境にウツギを植えた。それが始まり」と話された。明治時代の牧の開墾時も、畑の境界や風よけとしてウツギが植えられたのであろうか。

ウツギ（空木）はアジサイ科の低木で、挿し木で増やし、強い刈り込みにも耐え、深根性で根株が残るという。

流山市北・小屋にあったカマツカ（鎌柄）は別名ウシコロシというバラ科の小高木で、材が堅く、鎌の柄や牛の鼻木に使われたという。

エノキ、ケヤキ、ムクノキなどの高木になるものも、境木に使われていたのが意外だった。マツなどのように買う苗以外で、身近にある木の中から選んだということだろう。

境木は小さく削られながらも、人の世代を超えて役目を果たしてきた老木と言える。

（岡村純好）

参考文献

農業技術研究所平成24年度研究成果情報（第2集）「畑地域に残る境木の多様性と地域性」徳岡良則

『葉で見分ける樹木』林将之　小学館

調査協力　小川浩氏にご教示いただきました

野田市中里 2023年5月
肥溜めと枯れても残る境株

別稿

東葛地域の街路樹

緑のインフラ

街路樹の歴史

「並木」と「街路樹」

「並木」は、道路・堤防・水路・軌道などに高木性の樹木を列状に植えたもの。

「街路樹」は、「並木」という言い方もあるが、市街地の道路に沿って植えたものをいう。昭和7年、東京市訓令によって、「道路樹木」といっていたものを「街路樹」に改めた。

「並木」の黎明期は、奈良平安時代に五畿七道の駅路の側に果樹中心に植えたことに始まる。そして朱雀大路にはヤナギを植えたという。

戦国時代、織田信長は東海道・東山道にサクラやマツを植えた。

近代街路樹の始め

江戸時代、街道の並木といえば、東海道の松並木とか、日光の杉並木が思い浮かぶが、明治に入って街路樹の創設は、西洋文化吸収策の一つでもあった。

幕末横浜開港にともなう、慶応3（1867）年の横浜馬道に植えたヤナギやマツが近代街路樹の始まりとされる。その後、明治7年、東京銀座に植え付けたのがクロマツとサクラであった。ところが、銀座は埋立地であったため地下水位が高く、クロマツやサクラは生育不良でヤナギに植え替え、通称「銀座のヤナギ」となった。

大正10年（1921）には、明治神宮造営にともなって表参道のケヤキ並木が出来、今、話題の神宮外苑のイチョウ並木などが整備された。

地方都市の街路樹

伊達正宗は実のなるカキやウメを植えることを命じたというが、その伝統を継ぎ、仙台市の青葉通りのケヤキ並木は有名である。また、名古屋市の100m道路の久屋大通りのソメイヨシノは立派である。

公害に悩まされた山口県宇部市は、「緑のユートピアの街」としてクスノキ、プラタナスの街路樹を植え、「自然成長仕立て」をモットーに整備をした。

愛知県豊橋市では、「公害のない緑の工業都市」を掲げ、街路樹に対して「骨格剪定」でなく「弱剪定」とし、保護を優先し、樹木のために信号機の位置を変えることもしたという。

近代街路樹の歴史は、明治から昭和前期と続いたが、第二次大戦で多くの都市の街路樹は、灰燼(かいじん)と化した。戦後復興のシンボルとして立ち直ったが、高度成長期には「公害防止」のインフラとして各地で整備された。

今や、地球温暖化の事態に対し、種々の樹木の役割は益々重要性を増している。

街路樹の管理

街路樹は、「道路管理者」に管理されている。国道であれば国土交通省の国道事務所、都道府県道ではいくつかの市町村域を管理する土木事務所が管理し、剪定など専門業者に委託する。

ほとんどの街路樹は、車道や歩道に接しているため、自動車や自転車、歩行者に枝がぶつからないように基準が設けられている。図のように、道路構造令では、車道側が高さ4・5m、歩道側は2・5mが「建築限界数値」とされている。

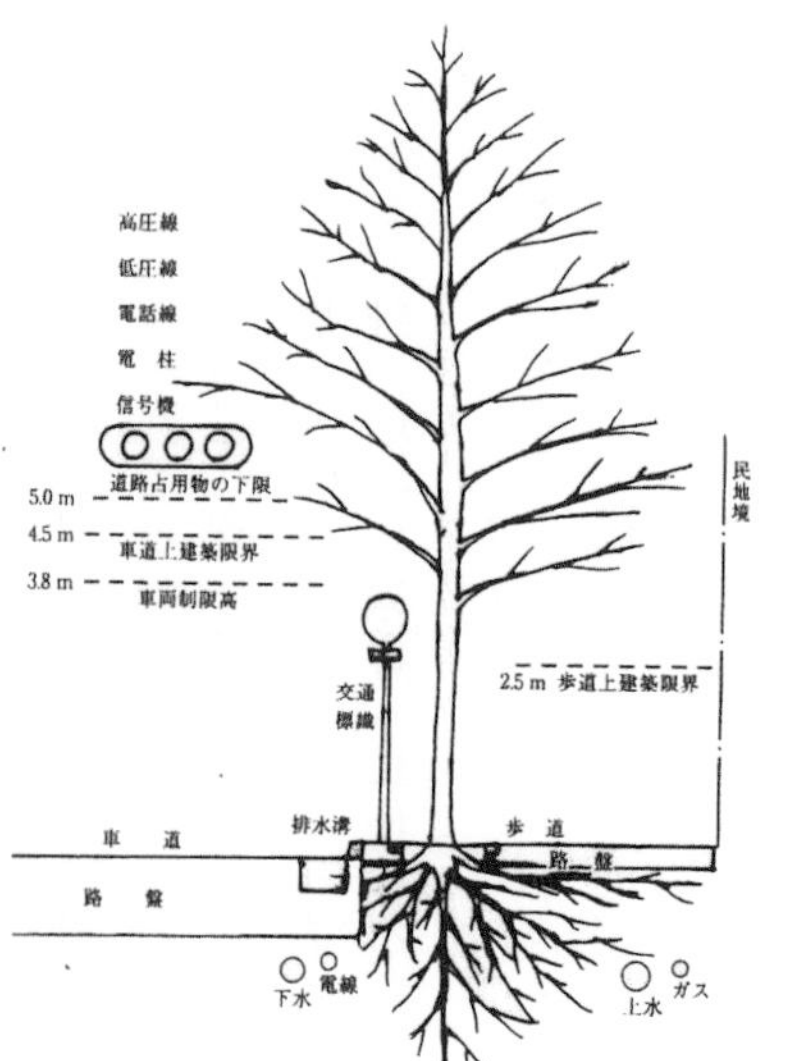

街路樹の種類

日本の街路樹の本数は、およそ629万本、561種もあるが、この20年間で約50万本も減少しているという。

いくつかの種類別に挙げてみる。

〈常緑の街路樹〉ヤマボウシ、ヤマモモ、ネズミモチなど

〈落葉の街路樹〉イチョウ、プラタナス、トウカエデ、エンジュ、カツラ、コナラなど

〈花の咲く街路樹〉モクレン、サクラ、ハクモクレン、クチナシ、サルスベリ、ツツジ、キンモクセイなど

〈実のなる街路樹〉ヤマボウシ、クロガネモチなど

〈高木の街路樹〉ケヤキ、イチョウ、サクラ、プラタナスなど

〈低木の街路樹〉アベリア、シャリンバイ、ヒイラギナンテン、ツゲなど

国土交通省のデータ（令和4）によると、東京国道管内には、およそ15，000本の街路樹があって、ベストテンは以下の通り。

①イチョウ　4，880本
②プラタナス　1，830本
③マテバシイ　1，580本
④ハナミズキ　980本
⑤ケヤキ　940本
⑥トウカエデ　650本
⑦クロガネモチ　590本
⑧ユリノキ　460本
⑨ヤマモモ　420本
⑩サクラ　360本

ところが、東京郊外の市町村の街路樹を含めると、約100万本あって、種類の順位が違ってくるのが興味深い。

①ハナミズキ　6万本強
②イチョウ　6万本弱
③サクラ　4万本
④トウカエデ　3・6万本
⑤ケヤキ　3万本

国道と市町村道の幅や長さの違いかもしれない。

神宮外苑の四連の銀杏並木

松戸の街路樹

松戸市常盤平のケヤキ通りは、団地造成時昭和36年（1961）、約2・5mの苗木を全国から集めて植えられた。

総本数は、181本で公団入口から約1㎞続くケヤキ並木は、現在ではうっそうとした通りとなり、「新・日本街路樹100選」にも選ばれている。

また、このケヤキ通りとクロスする新京成線沿線の八柱から五香へのサクラ通りは、「日本の道百選」にともない、サクラの季節には、たいへんな賑わいである。

この二本の、全国レベルの街路樹を持つ松戸市は、東葛地域の中ではずば抜けて街路樹の維持保全に力を入れている。

松戸市のホームページには、「建物に囲まれた乾いた都市の中で、みずみずしい緑が帯状に続く街路樹は道行く人たちに、うるおいとやすらぎを与えてくれます。ヒートアイランド現象を抑制する働きなど貴重な役割ばかりでなく、都市としての風格をもたらします」とあり、「高さ約10m、幹回り30㎝の一本の木は、一年間で一人が吸収し、排出する約6か月分の CO_2 を吸収する。また、東京～大阪間を往復する自動車が排出する CO_2 を吸収する」としている。

街路樹は〈騒音を和らげ、空気をきれいにし、気温を調整し、まちに潤いを与え、火災の延焼を防ぎ、心を和ませ、健康に役立つ〉と。

そして、「並木通り一覧」を見ると、なんと97の並木の名称があって、その場所と距離、本数が表になっている。

常盤平にはケヤキ、サクラの2つの通りのほかに、ユリノキ、サルスベリ、ハナミズキ、ヤマモモ、アメリカフウなど、10本の通りがある。

人材豊富な千葉大学園芸学部

松戸市がどうして熱心に街路樹に力をいれて来たのか、市役所の「街づくり部みどりと花の課」にうかがった。

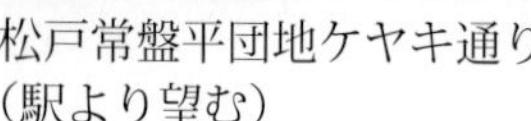

松戸常盤平団地ケヤキ通り
（駅より望む）

「松戸市には、千葉大学に全国唯一の園芸学部があり、園芸学・造園学を学び樹木全般の基礎知識を得た卒業生が当市役所に入所を志願する学生が多い」とのことである。

松戸の園芸学校は、明治34年（１９０１）に千葉中学松戸分校として、江戸最後の将軍慶喜の弟・昭武から敷地を寄贈され開校。

その後、千葉県立園芸専門学校となり、１９２９年（昭和4）、千葉高等園芸学校となって文部省移管となる。

我孫子湖北団地のケヤキ通り（向こうが手賀沼）

「園芸学校」は、松戸町の誇りでもあった。戦前には、全国的には上田蚕糸、京都繊維とともに、独自の校風を持っていたという。

東葛の街路樹を訪ねて

松戸市を除いて、東葛地域の中で、見映え良い味わいのある「街路樹」を幾つか紹介する。

① 我孫子湖北団地のケヤキ並木

湖北団地は、１９７０年（昭和45）に入居が始まったので、ケヤキの樹齢は約50年となる。手賀沼へと下る坂道は約６００ｍ、「我孫子坂道百景」の一つである。

国立ガン研究センター前通りのユリノキ

② 国立ガンセンター東病院前の街路樹

柏の16号線・十余二工業団地から江戸川台までの約10キロの県道には、ユリノキが続いている。

ユリノキは、モクレン科ユリ属、北アメリカ産の落葉高木で、樹形が整うことから街路樹として広く用いられている。

この道路はこんぶくろ池公園、国立がん研究センター、東大柏キャンパス、柏の葉公園など大きな公共用地を貫いている。16号線から約５００ｍの並木が見事な街路樹となっているが、その他はまだまだ背高が低い。

松戸常盤平団地のユリノキ通り

③ 北柏松葉町ライフタウンのケヤキ通り

こんぶくろ池を水源とする地金堀、その路沿いのケヤキ並木は、入居１９８１年であるから樹齢は40年ほど。あまりケヤキとしては大ぶりでない。しかし、幹には緑のコケがきれいである。多くはヒナノハイゴケで、乾燥や大気の汚染に比較的強く、ケヤキの街路樹に多く見られる。

④ 初石・江戸川台通りのサルスベリ

サルスベリ（百日紅）は、花が美しく耐病性もあり、必要以上に大きくならないという特性があり、近年街路樹として多く採用されているという。

北柏ライフタウン　ケヤキの剪定（２０２４・２）

この通りのサルスベリもあまり大きくなく、ピンクや紫、白の花が永く通りを飾っているが、花の色がやや単調であるのが残念である。

初石のサルスベリ（新保國弘 撮影）

〈参考文献〉

・「街路樹は問いかける」岩波ブックレット №１０５０　２０２１年刊
・『街路樹』山本紀久著　技法堂出版　１９９８年刊
・「街路樹管理マニュアル」国交省　Ｒ４
・『昭和の松戸誌』渡邊幸三郎著　崙書房出版　２００５年刊
・「松戸市ホームページ」ほか

（竹島いわお）

執筆会員一覧

本書は下記の本会会員に執筆いただきました。（　）内は執筆ページ

相原正義（57・136・137・138・140・141）
青木更吉（178・179・180・181）
石井一彦（91・92・93・94・109・112・113・114・115・117）
石垣幸子（47）
石川恵美子（39・40・41・46）
上野健夫（96・97・123・124・125・139）
浦久淳子（132・133・134・135）
岡村純好（17・18・20・21・78・79・116・176・177・182・183）
奥田富子（82・83・174・175）
川根正教（68・69）
小島　隆（102・103・104・105・106・107・108）
越岡禮子（160・161・162・163・164・165・166・167・168・169）
逆井萬吉（146・147・148・149・150・151・152・153・154・155・156・157・158・159・170）
新保國弘（26・27・28・29・36・37・38・42・43・44・58・59・60・61・62・63・64・65）
関本いずみ（95）
竹島いわお（184・185・186・187）
竹村夏彦（54・55・56・72）
田嶋昌治（110・111・112・113・114・115）
辻野弥生（122）
當麻多才治（16・19・22・23・24・25・30・31）
中村　智（45・48・49・66・67・70・71・73・80・81）
中山正則（88・89・90・98・99・100・101・126・127）
平井篤子（130・131）
森　弘子（50・51・52・53・74・75・76・77）
吉田次雄（128・129）

（50音順）

【巻頭言】

下記のお二方に執筆いただきました。

伊高（いだか）　静（しず）（4・5）

2001年ドイツのフライブルク大学大学院修了、企業勤務後、2008年に日本帰国。2013年九州大学博士課程修了（森林資源科学専攻）。統計数理研究所、農研機構勤務を経て、2020年より東京理科大学創域理工学部に助教として着任。2024年4月より同大学講師。

伊東伴尾（いとうともお）（6・7・8）

1947年習志野市生れ、1971年東京農業大学卒業、1971年内山緑地建設入社、以後高原建築諮詢（じじゅん）（上海）に勤務、2013年おゆみ野緑研究室を起業。1991年創設の樹木医第一期生。
ＮＰＯ法人「樹の生命を守る会」副理事長として活動中。

編集協力

曾根田栄夫（ガイドマップ作成）

川柳講座

32年間で幕

乱気流

博物館友の会の3講座の一つ、川柳講座・乱気流が、ついに幕を下ろすことになった。

日本川柳協会会長まで務められた今川乱魚先生を講師に、1991年にスタート。約20年間指導を受け、乱魚先生の病没後、太田紀伊子先生の指導を受けた。

川柳は、花鳥風月を詠む俳句などとは違い、人間の喜怒哀楽を詠むのだが、これがなかなか難しかった。しかし、堂々と時の政権を風刺し斬ることができるのも、川柳の強みである。

これまで、近隣への吟行会、お泊り吟行会など、楽しい思い出がいっぱいだ。句集も3冊出してきた。

▼最近の句から

文明のやっかいものに核の水　太田紀伊子
人生の壁色々と教えられ　菊池光純
近況も少し知りたし年賀状　鵜沢滋子
米艦に自ら落ちた特攻機　中村　智
まあまあの絵でも額装うまくみえ　冨岡和代
わけもなく壁なぐりたい成長期　馬場倫子
戦争は嫌い昭和の女です　辻野弥生
まだ要らぬ介護ベッドは物置に　小倉冴子
咳をする人に限ってマスクなし　奥田富子
五七五秘めた思いを書き写し　須金和子
舞台から落ちてスターになる男　辻野吉勝

▼ありがとうございました。（辻野弥生）

新入会員歓迎します

流山市立博物館友の会

流山市立博物館友の会（会長新保國弘）には流山を中心に東葛地域の歴史、文学、自然と地理を愛する会員が140名、参加しています。

現地に出かけて見て、講演を聴いて考え、文章を書いて発表する三つの楽しみを味わえます。

最近では、「平方・中野久木の寺林・斜面林・石造物めぐりと物流センター見学」「三鷹文学散歩」「川筋を歩く旧江戸川下流の堀江・猫実・当代島」「しょうゆずくしの見学会」探訪実施。

講演会講師には東京理科大学や都内の大学の先生、元博物館長さん、時の話題の人など各分野の専門家をお迎えしています。

学んだことを『東葛流山研究』や会報「におどり」（季刊）を通じて、発表できます。会員の中には、『福田村事件』、『水の道・サシバの道』『僕たちの労働争議』『歴史とロマンの里流山』等の作品を出版された先輩が多数おられて、親しく交わり、文書作成面でも助言を受けることもできます。探訪や講演会参加だけも結構です。楽しい忘年会もあります。新入会員大歓迎です。

詳しくは事務局（當麻）までお問い合わせください。

携帯番号　080-5184-9903
メール　bpcxs688@ybb.ne.jp

編集後記

▼『東葛流山研究　第40号』をお届けできることを、たいへんうれしく思います。

振り返れば、パソコンもない時代、ページも多い研究誌を毎年出していた山本鉱太郎さんを中心とした編集役員のご苦労を、研究誌を出すたびに思い起こしています。（竹島）

▼以前から取材先の密教寺で、日々境内を掃除する高齢の、檀家の主がいた。地域史の講釈も受けた。今回会えなかったので、住職に尋ねたら車椅子生活とのこと。本書出版時には、住職とともにお届けしたい。（上野）

▼季節ごとに表情を変えながらも、風雪に耐えて人々を見守ってくれた樹木たちに感謝。編集員として一足先に先輩方の素晴らしい原稿、筆力の高さに接し、文章力向上の必要を痛感した。（當麻）

▼今回、初めて編集プロジェクトの一員として参加させていただき、編集作業の過程を一から学ぶことができた。また、研究誌40号の発刊という、この大きな節目に立ち会えたことは幸運の一言に尽きる。（小島）

▼研究誌のテーマが「樹木」と決まった時、はたして完成に漕ぎつけるだろうかと思った。ところが190ページを超える原稿が集まり成就。友の会の底力を見知った。（新保）

東葛流山研究　第 40 号
『東葛の樹木事典』

2024（令和 6）年 4 月 25 日　第 1 刷発行

著　　者　流山市立博物館友の会編

発 行 者　新保　國弘

発 行 所　流山市立博物館友の会　事務局　新保國弘
千葉県流山市こうのす台 629-23（〒 270-0102）
☎・Fax：04-7154-6746
ﾒｰﾙ・kuni-shin@sound.ocn.ne.jp
振替 00110-7- □ 419218

発　　売　たけしま出版
千葉県柏市柏 762　柏グリーンハイツ C204（〒 277-0005）
☎・Fax：04-7167-1381

印刷・製本　戸辺印刷

Printed in Japan

松戸の江戸時代を知る②

城跡の村の江戸時代

―大谷口村大熊家文書から読み解く―

渡辺尚志著

たけしま出版

②

松戸の江戸時代を知る①

小金町と周辺の村々

渡辺尚志著

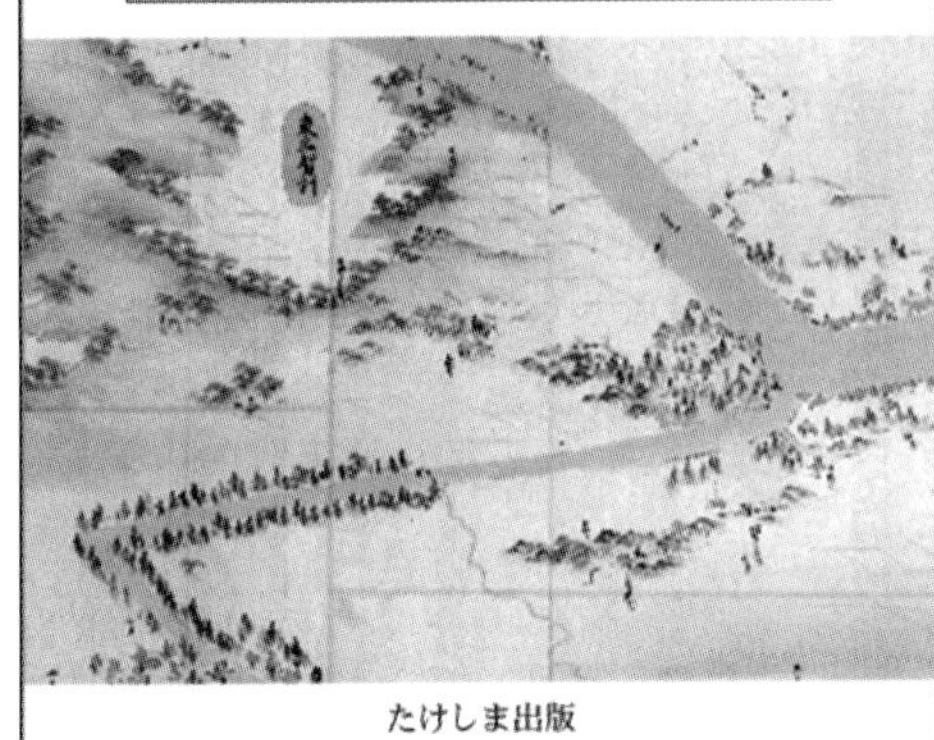

たけしま出版

①

〈松戸の江戸時代を知る　①　②〉

渡辺尚志著（松戸市立博物館館長・一橋大学名誉教授）

江戸時代の村落史研究の第一人者による地域のやさしい歴史案内

Ａ５判　並製　①1,000円（税別）②1,400円（税別）

利根川の放水路を歩く

未完の東遷完成への提言

青木更吉・當麻多才治

たけしま出版

気候変動の時代、大河利根川の本流に放水路がないことをあげ、災害の未然防止のため三つの大胆な提言をする民間治水論。

Ａ５判　２２８頁　定価　２，４００円＋税

たけしま出版

〒２７７-０００５

柏市柏７６２　柏グリーンハイツ　Ｃ２０４

☎・ＦＡＸ　０４（７１６７）１３８１

＊書店にご注文の際には「地方小出版扱い」として下さい。